建筑工程职业技能岗位培训图解教材

油漆工

本书编委会 编

中国建筑工业出版社

图书在版编目（CIP）数据

油漆工／本书编委会编．—北京：中国建筑工业出版社，2015.12
建筑工程职业技能岗位培训图解教材
ISBN 978-7-112-18595-5

Ⅰ.①油… Ⅱ.①油… Ⅲ.①建筑工程—涂漆—岗位培训—教材 Ⅳ.① TU767

中国版本图书馆CIP数据核字（2015）第250507号

本书是根据国家颁布的《建筑工程施工职业技能标准》进行编写的，主要介绍了油漆工的基础知识、油漆用料的基础知识、工具的使用、涂漆前的基层处理、涂饰施工、施工工艺、施工质量要求及冬期施工的注意事项等内容。

本书内容丰富，详略得当，用图文并茂的方式介绍油漆工的施工技法，便于理解和学习。本书可作为建筑工程职业技能岗位培训相关教材使用，也可供建筑施工现场油漆工人参考使用。

责任编辑：武晓涛
责任校对：李美娜 赵 颖

建筑工程职业技能岗位培训图解教材
油漆工
本书编委会 编
*
中国建筑工业出版社出版、发行（北京西郊百万庄）
各地新华书店、建筑书店经销
北京京点图文设计有限公司制版
北京建筑工业印刷厂印刷
*
开本：787×1092毫米 1/16 印张：9¾ 字数：200千字
2015年12月第一版 2015年12月第一次印刷
定价：28.00元（附网络下载）
ISBN 978-7-112-18595-5
（27905）

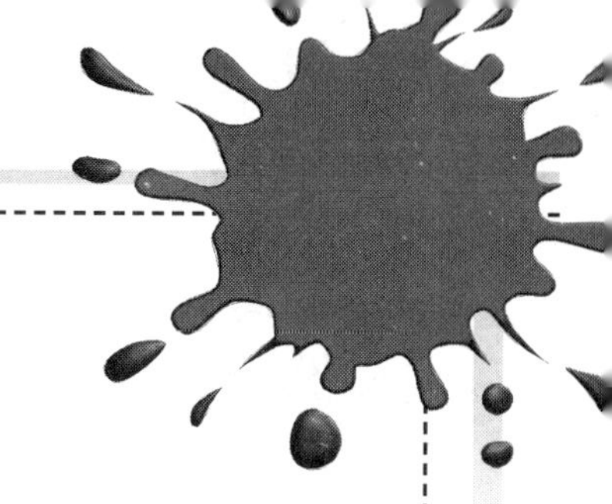

《油漆工》编委会

主编：伏文英

参编：王志顺　　张　彤　　陈洪刚　　刘立华
刘　培　　何　萍　　范小波　　张　盼
王昌丁　　李亚州

前　言

近年来，随着我国经济建设的飞速发展，各种工程建设新技术、新工艺、新产品、新材料得到了广泛的应用，这就要求提高建筑工程各工种的职业素质和专业技能水平，同时，为了帮助读者尽快取得《职业技能岗位证书》熟悉和掌握相关知识和技能，我们编写了此书。

本书是根据国家颁布的《建筑工程施工职业技能标准》进行编写的，主要介绍了油漆工的基础知识、油漆用料的基础知识、工具的使用、涂漆前的基层处理、涂饰施工、施工工艺、施工质量要求及冬期施工的注意事项等内容。

本书内容丰富，详略得当，用图文并茂的方式介绍油漆工的施工技法，便于理解和学习。本书可作为建筑工程职业技能岗位培训相关教材使用，也可供建筑施工现场油漆工人参考使用。同时为方便教学，本书编者制作有相关课件，读者可从中国建筑工业出版社官网下载。

本书编写过程中，尽管编写人员尽心尽力，但错误及不当之处在所难免，敬请广大读者批评指正，以便及时修订与完善。

编者

2015 年 9 月

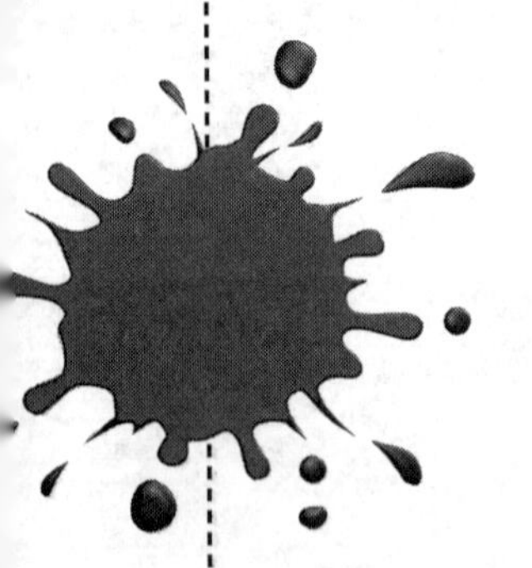

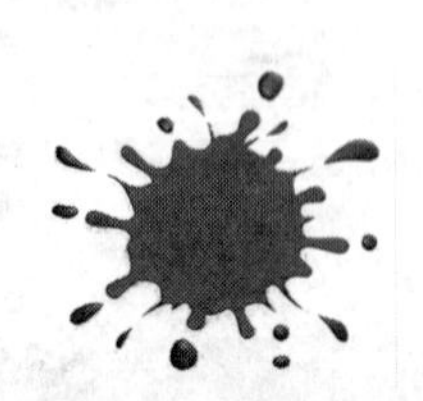

目　录

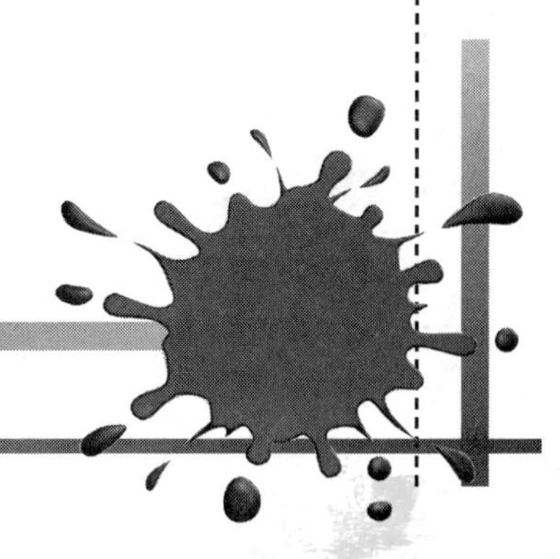

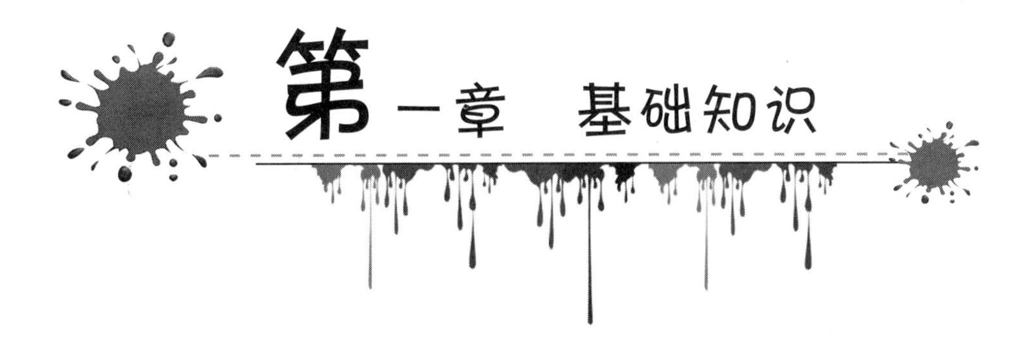

第一章　基础知识

第一节　油漆工的岗位职责

1. 初级建筑油漆工应符合下列规定

（1）理论知识

1）了解建筑识图的基本知识；

2）熟悉油漆施工中的安全和防护知识；

3）了解本职业施工质量要求；

4）熟悉一般常用材料知识；

5）熟悉常用工具、量具名称，并了解其功能和用途；

6）熟悉普通油漆材料的调配方法；

7）了解油漆保管常识及冬期施工注意的问题；

8）掌握建筑油漆工一般施工工艺；

9）了解安全生产基本常识及常见安全生产防护用品的功用。

（2）操作技能

1）会常用油漆材料的识别；

2）会规范使用常用的工具、量具；
3）能够调配大白浆、石灰浆；
4）能够墙面刷油漆操作；
5）能够墙面刷石灰浆操作；
6）能够墙面滚涂水性涂料；
7）会消防器材的使用；
8）会使用劳防用品进行简单的劳动防护。

2. 中级建筑油漆工应符合下列规定

（1）理论知识

1）了解房屋构造基础知识；
2）了解质量检验评定标准；
3）熟悉一般涂料的调配方法；
4）熟悉常用腻子的调配方法；
5）熟悉油漆施工中常见的病疵及处理方法；
6）熟悉地仗的处理方法；
7）熟悉常用机具的使用和维护；
8）掌握普通涂料施工方法；
9）掌握弹涂和喷涂的施工方法；
10）熟悉安全生产操作规程。

（2）操作技能

1）会调配铅油、无光油和虫胶漆；
2）会调拌石膏纯油腻子和生漆腻子；
3）会大木撕缝、下竹钉、汁浆、捉缝灰、扫荡灰的操作；
4）会木门窗分色调合漆操作；
5）能够钢门窗分色调节合漆操作；
6）能够木制品柚木色、罩清漆操作；

7）会喷涂墙面色浆和色油操作；
8）会墙面滚花操作；
9）会划宽、窄油线；
10）能够在作业中实施安全操作。

3. 高级建筑油漆工应符合下列规定

(1) 理论知识

1）了解建筑学的一般知识；
2）熟悉较复杂的施工图；
3）熟悉常用涂料和稀释剂；
4）熟悉特种涂料的性能及其使用部位；
5）熟悉木材的染色知识；
6）熟悉大漆知识；
7）掌握木制品透明涂饰知识；
8）掌握缩、放字样及刻字样方法；
9）掌握模拟涂饰知识；
10）熟悉按图计算工料的方法；
11）掌握预防和处理质量和安全事故方法及措施。

(2) 操作技能

1）能够调配水色、油色、酒色；
2）会揩色；
3）熟练进行一底二度广漆；
4）能够硝基清漆理平见光、打砂蜡、上油蜡；
5）会缩、放、刻字样；
6）能够模拟木纹或石纹；
7）能够彩砂喷涂；
8）会多彩内墙涂料喷涂；

9）会按图计算工料；

10）能够按安全生产规程指导初、中级工作业。

4. 建筑油漆工技师应符合下列规定

（1）理论知识

1）熟悉制图的基本知识；

2）熟悉计算机基础知识；

3）了解有关涂料的化学性能；

4）熟悉施工管理方法；

5）了解新技术、新工艺；

6）熟悉古建筑油漆、彩画的材料和工具；

7）掌握古建筑油漆作的知识；

8）熟悉施工方案编制方法；

9）熟悉有关安全法规及突发安全事故的处理程序。

（2）操作技能

1）会绘制建筑施工图；

2）能够计算机文字处理；

3）会编制施工方案；

4）熟练进行熟猪血的配制；

5）能够配制油满；

6）能够熬制灰油、光油、坯油；

7）熟练进行一麻五灰操作；

8）能够推光漆磨退操作；

9）会框线、齐边、扣地、贴金操作；

10）会红木制品揩漆操作；

11）能够刻各种刀法字样操作；

12）会堆各种图案、字漆灰操作；

13）能够根据生产环境，提出安全生产建议。

5. 建筑油漆工高级技师应符合下列规定

（1）理论知识

1）熟悉复杂施工图的识读及审核施工图；

2）熟悉计算机绘制施工图；

3）掌握涂料的施涂质量与工种交接、材质、施涂前涂料检查、温湿度的关系；

4）掌握初级工、中级工、高级工、技师的培训计划及大纲的制定方法；

5）掌握对各级别工人进行理论和专业知识的培训与能力的考核；

6）熟悉古建筑彩画作的知识；

7）掌握各种油漆、彩画疵病的修理方法；

8）掌握安全法规及突发安全事故的处理程序。

（2）操作技能

1）会电脑绘制建筑施工图；

2）会彩画材料的调配；

3）能够扫青或扫绿匾额；

4）能够沙金底、黑字招牌；

5）能够雨雪金楹联；能够贴金、扫金；

6）能够和玺彩画；

7）能够新式彩画；

8）能够斗拱彩画；

9）能够修理各种油漆、彩画疵病；

10）能够编制安全事故处理预案，并熟练进行现场处置。

第二节　识图基础

看懂房屋施工图应具备以下基础知识：

（1）正投影的基本知识及各种图样的画法。这是制图的原理和基础。

（2）了解房屋的基本构造、房屋各部分的组成、名称及其作用等基本知识。

（3）制图国家标准方面的知识：目前在房屋施工图中所贯彻的国家标准主要有以下几种：《房屋建筑制图统一标准》（GB/T 50001-2010）、《总图制图标准》（GB/T 50103-2010）、《建筑制图标准》（GB/T 50104-2010）、《建筑结构制图标准》（GB/T 50105-2010）、《给水排水制图标准》（GB/T 50106-2010）、《暖通空调制图标准》（GB/T 50114-2010）。

除了以上我们讲述的读图基本知识，还应该掌握以下制图的基本知识。

1. 图纸幅面

幅面的尺寸，参见表 1-1 及如图 1-1 ～图 1-4 所示。

幅面及图框架尺寸（mm）　　表 1-1

幅面代号 / 尺寸代号	A0	A1	A2	A3	A4
$b \times l$	841×1189	594×841	420×594	297×420	210×297
c	10				5
a	25				

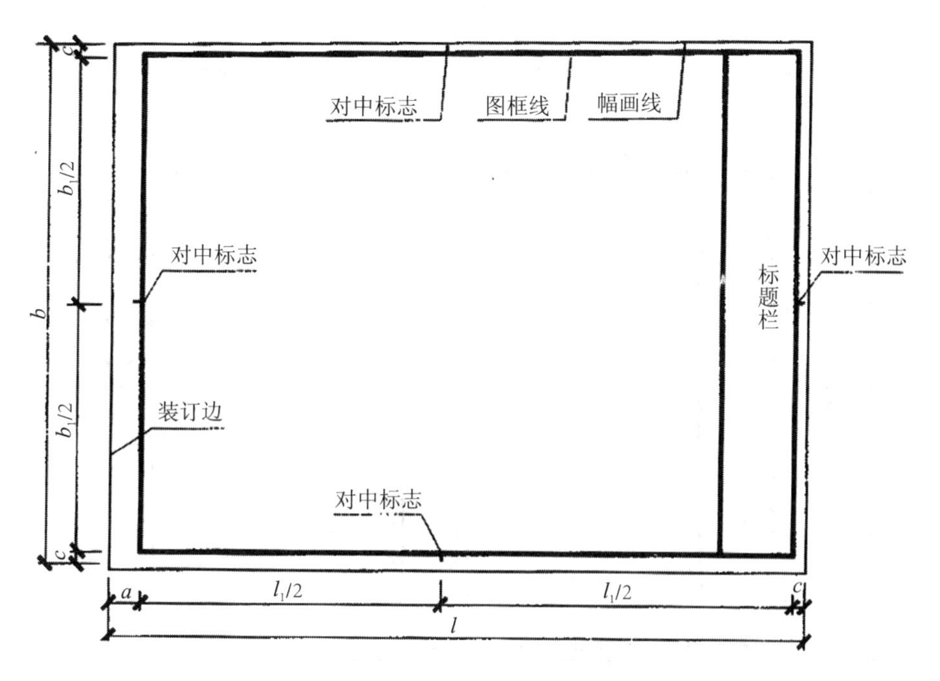

图 1-1　A0 ～ A3 横式幅面（一）

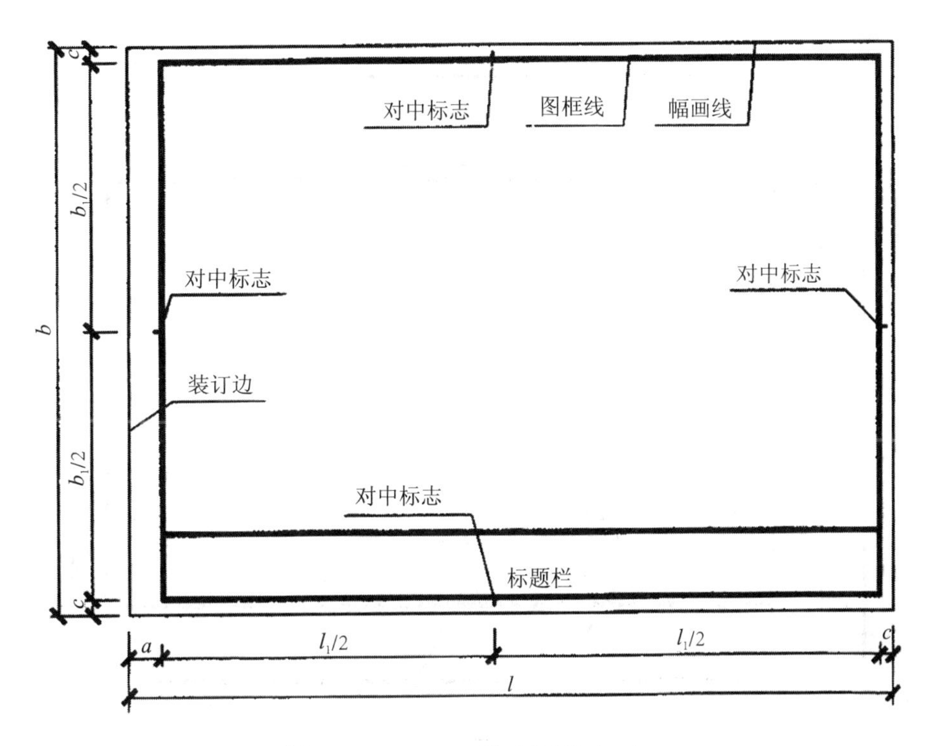

图 1-2　A0 ～ A3 横式幅面（二）

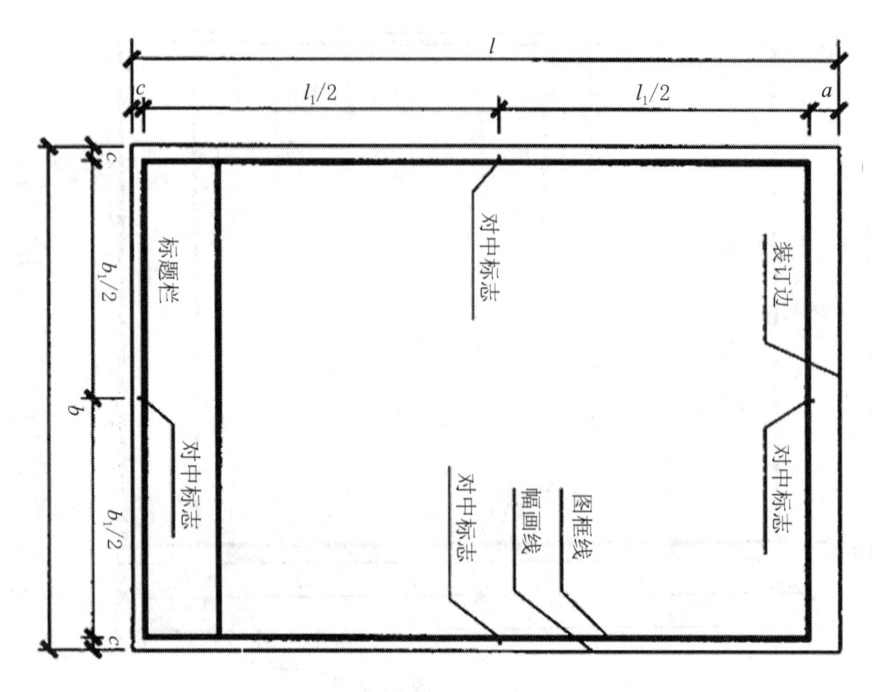

图 1-3 A0 ～ A4 立式幅面（一）

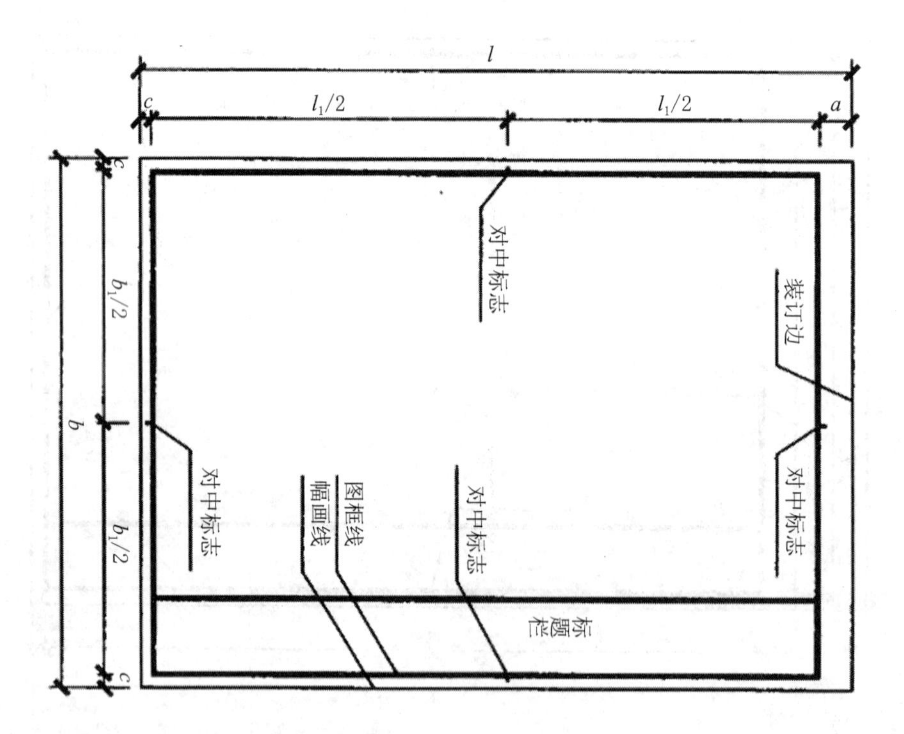

图 1-4 A0 ～ A4 立式幅面（二）

2. 图线

在房屋工程图中，各种图线有不同的意义。常见的图线及意义见表 1-2。

工程建设制图应选用的图线　　表 1-2

名称		线型	线宽	一般用途
实线	粗		b	主要可见轮廓线
	中粗		0.7b	可见轮廓线
	中		0.5b	可见轮廓线、尺寸线、变更云线
	细		0.25b	图例填充线、家具线
虚线	粗		b	见各有关专业制图标准
	中粗		0.7b	不可见轮廓线
	中		0.5b	不可见轮廓线、图例线
	细		0.25b	图例填充线、家具线
单点长画线	粗		b	见各有关专业制图标准
	中		0.5b	见各有关专业制图标准
	细		0.25b	中心线、对称线、轴线等
双点长画线	粗		b	见各有关专业制图标准
	中		0.5b	见各有关专业制图标准
	细		0.25b	假象轮廓线、成型前原始轮廓线
折断线			0.25b	断开界线
波浪线			0.25b	断开界线

3. 比例

图样的比例应为图形与实物相对应的线性尺寸之比。比例的符号应为“：”，比例应以阿拉伯数字表示。比例宜注写在图名的右侧，字的基准线应取平；比例的字高宜比图名的字高小一号或二号，如图 1-5 所示。绘图所用的比例应根据图样的用途与被绘对象的复杂程度，从表 1-3 中选用，并应优先采用表中常用比例。

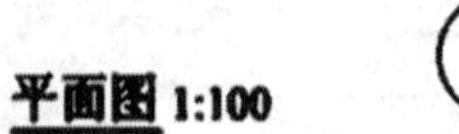

图 1-5 比例的注写

绘图所用的比例 表 1-3

常用比例	1：1、1：2、1：5、1：10、1：20、1：30、1：50、1：100、1：150、1：200、1：500、1：1000、1：2000
可用比例	1：3、1：4、1：6、1：15、1：25、1：40、1：60、1：80、1：250、1：300、1：400、1：600、1：5000、1：10000、1：20000、1：50000、1：100000、1：200000

4. 字体

图纸上所需书写的文字、数字或符号等，均应笔画清晰、字体端正、排列整齐；标点符号应清楚正确。

汉字应写成长仿宋字，并应采用国家正式公布推行的简化字。

字体的号数，即为字的高度，分为 3.5mm、5mm、7mm、10mm、14mm、20mm 六种。字高与字宽的关系应符合表 1-4 的规定。

长仿宋字体高宽关系 表 1-4

字高	20	14	10	7	5	3.5
字宽	14	10	7	5	3.5	2.5

书写长仿宋体字的要领是：横平竖直、注意起落、结构均匀、填满方格。

字母和数字可写成斜体或直体。斜体字斜度应是从字的底线逆时针向上倾斜 75°。

5. 图例及代号

为了房屋施工图样的制图简便、统一，在国家制图标准中，提供了规定的图形符号与代号来代表建筑配构件、建筑材料等。熟悉和掌握这些符号和代号，对阅读建筑工程图是非常重要的。

第三节 油漆施工中的安全常识

1. 油漆施工安全常识

（1）防火安全常识

一般油漆都是易燃易爆的化学品，尤其在油漆施工时，大量可燃气体挥发到空气中，非常容易出现燃烧或者爆炸的事故。所以在油漆施工中，必须注意以下问题：

1）保证空气流通，防止溶剂蒸汽的聚集。

2）禁止任何明火，禁止使用明火烘烤或加热油漆。

3）禁止穿着化纤衣物进入施工现场，防止静电火花。

4）禁止在油漆施工现场进行其他作业，尤其是铁器撞击、物品剧烈摩擦的作业。

5）消防安全知识，见表 1-5。

消防安全知识 表 1-5

<table>
<tr><td rowspan="4">消防安全知识</td><td colspan="2">着火源分七类：火焰、高温物体、电火花、绝热压缩作用、撞击与摩擦作用、光线照射与聚焦作用、化学反应放热</td></tr>
<tr><td colspan="2">灭火过程中“三先三后”的战术原则：“先控制、后消灭”；“先救人、后灭火”；“先重点、后一般”</td></tr>
<tr><td colspan="2">点火源有四个类型八个种类：化学点火源（明火、自然发热）；高温点火源（高温表面、热辐射）；电气点火源（电火花、静电火花）；冲击点火源（冲击与摩擦、绝热压缩）</td></tr>
<tr><td>防火、防爆十大禁令</td><td>①严禁在施工现场内吸烟及携带火种和易燃、易爆、有毒、易腐蚀品入施工现场
②严禁穿易产生静电的服装进入油漆工作区域
③严禁在施工现场内施工用火和生活用火（确需动火时须办理动火证）
④严禁穿带铁钉的鞋进入油漆工作区域及易燃、易爆装置区
⑤严禁非工作机动车辆进入油漆工作区域、罐区及易燃、易爆区
⑥严禁用汽油、易挥发溶剂擦洗设备、衣服、工具及地面等
⑦严禁损坏施工现场内各类防爆设施
⑧严禁就地排放易燃、易爆物料及化学危险品
⑨严禁在油漆工作区域用黑色金属或易产生火花的工具敲打、撞击和作业
⑩严禁堵塞消防通道及随意挪用或损坏消防设施</td></tr>
</table>

部分消防器材的使用，详见表 1-6。

消防器材的使用 表 1-6

<table>
<tr><th>种类</th><th>图示</th><th>使用方法</th></tr>
<tr><td rowspan="3">灭火器</td><td rowspan="3"></td><td>8kg 手提式干粉灭火器：提取灭火器上下颠倒两次到灭火现场，拔掉保险栓，一手握住喷嘴对准火焰根部，一手按下压把即可。灭火时应一次扑弃；室外使用时应站在火源的上风口，由近及远，左右横扫，向前推进，不让火焰回窜</td></tr>
<tr><td>35kg 推车式干粉灭火器：两个人操作，一个人取下喷枪，并展开软管，然后用手扣住扳机；另一个人拔出开启机构的保险销，并迅速开启灭火器的开启机构</td></tr>
<tr><td>泡沫灭火器：泡沫灭火器的灭火液由硫酸铝、碳酸氢钠和甘草精组成。灭火时，将泡沫灭火器倒置，泡沫即可喷出，覆盖着火物而达到灭火目的。适用于扑灭桶装油品、管线、地面的火灾；不适用于电气设备和精密金属制品的火灾</td></tr>
</table>

续表

种类	图示	使用方法
灭火器		四氯化碳灭火器：四氯化碳气化后是无色透明、不导电、密度较空气大的气体。灭火时，将机身倒置，喷嘴向下，旋开手阀，即可喷向火焰使其熄灭。适用于扑灭电器设备和贵重仪器设备的火灾。四氯化碳毒性大，使用者要站在上风口。在室内，灭火后要及时通风
		二氧化碳灭火器：灭火时，只需扳动开关，二氧化碳即以气流状态喷射到着火物上，隔绝空气，使火焰熄灭。适用于精密仪器、电气设备以及油品化验室等场所的小面积火灾。二氧化碳由液态变为气态时，大量吸热，温度极低（可达到 -80℃），要避免冻伤。同时，高浓度二氧化碳会使人窒息，应尽量避免吸入。灭火器在搬动的过程中应轻拿轻放，以免发生碰撞变形后爆炸
消防栓		①打开消火栓门，按下内部火警按钮（按钮是报警和启动消防泵的） ②一人接好枪头和水带奔向起火点 ③另一人接好水带和阀门口 ④逆时针打开阀门水喷即可（注：电起火要确定切断电源）

（2）毒性安全常识

大多数油漆都有一定的毒性，所以在油漆施工中必须注意安全防护。

1）严禁油漆进入口中、眼中，出现问题必须用清水冲洗后送医院治疗。

2）严禁在油漆施工现场喝水或饮食。

3）保证空气流通，防止溶剂蒸汽聚集。

4）如大量吸入溶剂蒸汽，出现不适症状时，必须迅速脱离现场，呼吸新鲜空气。待症状消失后，方可重新施工。

（3）高空作业安全常识

在进行高空作业时，必须进行必要的安全防护。在油漆工地进行油漆施工时，必须戴安全帽。

2. 油漆施工中的安全知识

(1) 油漆施工安全技术要求

1）施工操作人员必须经过安全技术培训，掌握本工种安全知识和技能，对使用的油漆性能及安全措施应有基本了解，并在操作中严格执行劳动保护用品制度。

2）在室内或容器内喷涂必须要保持通风良好，喷涂人员作业时如发现头晕恶心，应停止作业，到户外通风处换气，如较为严重者应立即送往医院去检查。

3）油漆大部分是易燃品，故在施工现场要远离火源。在挥发性气体浓度过高的油料施工过程中，绝对禁止吸烟及用打火机、火柴取火。

4）使用机械操作时，事先应检查机械各部位，并试运转，认为完好后才能正式操作。在工作结束后，要将机械清洗干净，妥善保管。

5）喷涂场地的照明灯，应用玻璃罩保护，防止漆雾沾上灯泡而引起爆炸，现场禁止使用高温灯照明。

6）高空作业时，要系好安全带，以防止跌落；脚手板要有足够的宽度，搭接处要牢固，注意不伤害下面人员。

7）梯子竖立时，其角度（坡度）不能太大，使用高梯时必须要绑好安全绳带，以防滑倒。

(2) 油漆施工的安全措施

1）油漆工程场地要严格遵守防火制度，严禁火源，通风良好。

2）使用汽油、脱漆剂清除旧漆膜时应切断电源，严禁吸烟，周围不得堆积易燃物。

3）在使用火碱清除旧油漆前，要戴好橡皮手套与防护眼镜及穿防护鞋。

4）使用有毒材料操作后要及时洗手洗澡，发现头晕恶心时及时到医务室检查。

5）在高空作业时要系好安全带，垂直作业及进入现场后要戴好安全帽。五级以上大风时严禁在高空及外檐处进行操作。

6）油漆一般应单独或与不燃物质存放，严禁与可燃或自燃物质一起贮存，不得将过油的棉丝、纸屑、擦手布随手乱丢。备好干粉式灭火器和砂箱。

7）油漆进库要登记施工现场名、批号、出施工现场日期。先进库的先用、后进库的后用，不可积压过久，以免变质。有毒物品（如洋绿）要指定专人保管。

（3）配料时安全规范

1）调制油漆应在通风良好的房间内进行，调制有害油漆时应戴好防毒口罩、护目镜，穿好适合的个人防护用品，工作完毕后应冲洗干净。

2）料房内及附近均不得有火源，并要配备一定的消防设备。

3）料房内的稀释剂和易燃油漆必须放在专用库中妥善保管，切勿放在门口和人经常运动的地方。

4）经过调配好的油漆，如放在大口铁通内时，除在油漆上盖上皮纸外，还需用双层皮纸塑料盖住桶口，再用细绳紧住，以防气体挥发。严禁明放、暴晒。

5）浸擦过清油、清漆、桐油灯的棉丝、丝团、擦手布，不得随便乱丢，作业后应及时清理现场遗物，运到指定位置存放，以防止因发热引起自燃火灾。

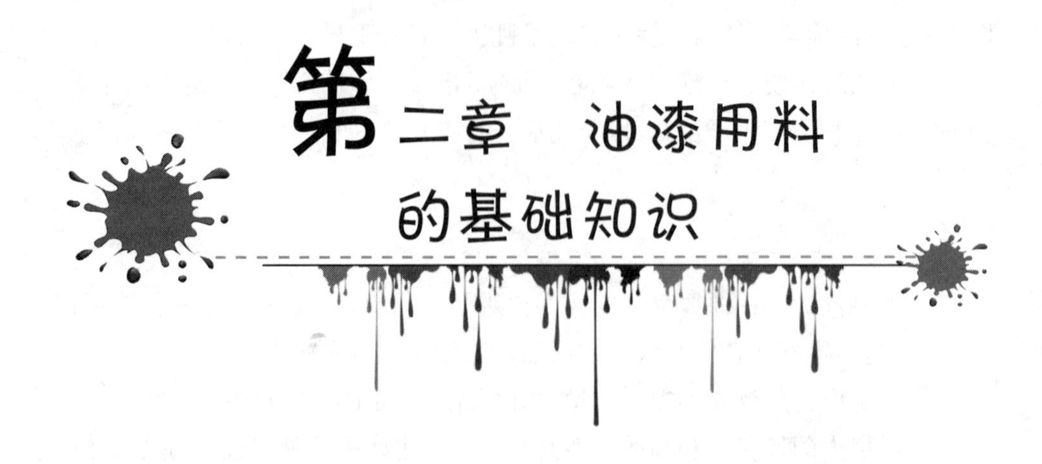

第二章　油漆用料的基础知识

第一节 油漆的性能及用途

1. 清漆

清漆代号01，是一种不含颜料的透明物质，以树脂为主要成膜物质，分油基清漆和树脂清漆两类，常用的部分品种性能及用途，见表2-1。

常用清漆的性能及用途　　表2-1

品种	组成	性能	用途
酯胶清漆 T01-1	用干性油和甘油松香加热熬炼后，加入200号溶剂汽油或松节油作溶剂调配而成中长油度清漆	涂膜光亮、耐水性较好，但次于酚醛清漆。有一定的耐候性，但光泽不持久，干燥性较差	适用于木制家具、门窗、板壁的涂刷及金属表面的罩光
沥青清漆 L01-6	由石油沥青、芳烃溶剂加工而成	有良好耐水、防腐性，机械强度低，耐候性差	容器、管道内表面的涂刷
黑沥沥青 L01-13	由天然沥青、石油沥青、石灰松香、干性植物油炼制而成	漆膜干燥快，光泽好，有良好耐水、防腐性、防化学性能，机械强度低，耐候性差	用作不受阳光直接照晒的金属及木材表面

2. 色漆

与清漆相对，凡是漆中带颜色、不透明的均属于色漆，包括厚漆、调和漆、磁漆等。

（1）厚漆

厚漆代号 02，又名铅油，是用颜料与干性油混合研磨而成，呈厚浆状，需加清油溶剂搅拌后使用。这种漆遮盖力强，与面漆的粘结性好，广泛用作罩面漆前的涂层打底，也可单独作面层涂刷，但漆膜柔软，坚硬性稍差。厚漆也可用来调配色漆和腻子。

（2）调和漆

调和漆代号 03，能作面漆一类的色漆。调和漆内含填料较多，分油性和磁性两类。常用调和漆种类、性能、用途见表 2-2。

常用调和漆种类、性能、用途　　表 2-2

名称	组成	性能	作用
各色酚醛调和漆 F03	松香改性酚醛树脂与以干性植物油为主进行熬炼，与体质颜料研磨，加入催干剂、溶剂等制成	干燥快、光亮、平滑、漆膜坚韧（天气过冷时可适当再加入催干剂后使用）	室内、外木质面、金属面和砖墙、水泥墙面的涂饰
各色醇酸调和漆 C03	用松香、干性植物油及合成脂肪酸改性醇酸树脂，加颜料、体质颜料及催干剂、有机溶剂调配制成	做室内、外一般金属、木质面涂装	耐候性好，常温下干燥，附着力好，光泽度比酚醛调和漆好
各色酯胶调和漆 T03	用甘油松香酯、干性植物油与各色颜料研磨后加入催干剂，并以 200 号溶剂汽油及松节油作溶剂调配而成	干燥性比油性调和漆好，涂膜较硬，光亮平滑。耐气候变化能力较油性调和漆差，易失光龟裂	适用于室内一般木质、金属物件表面的保护和装饰
各色钙脂调和漆 T03	以石灰松香酯为主，加入部分改性酚醛树脂、干性油与颜料研磨后，再加入催干剂及 200 号溶剂汽油制成	涂膜干燥较快、平整光滑，但耐候性差	只宜做室内木材、金属表面装饰保护用

（3）磁漆

磁漆代号 04，是色漆的一种。它是以清漆为基础，加入各种颜料等研磨制得的黏稠状液体，漆膜光亮、平整、细腻、坚硬，外观类似于陶瓷或搪瓷。部分常用磁漆性能、用途见表 2-3。

部分常用磁漆性能、用途 表 2-3

名称	组成	性能	作用
各色酚醛磁漆 F04-1	由长油度松香改性酚醛漆料、颜料、体质颜料，加催干剂及 200 号溶剂汽油制成	色彩鲜艳、光泽好、具有良好的附着力	较高级建筑的室内、外木材金属表面
各色过氯乙烯磁漆 G04-2	过氯乙烯树脂、醇酸树脂、颜料、填充料及苯、酯、酮类溶剂	透气性好，耐化学腐蚀，干燥快，光泽柔和	适用于建筑工程中防化学腐蚀的室内、外墙壁表面
各色硝基外用磁漆 Q04-2	由硝化棉、季戊四醇、醇酸树脂、各色颜料、增韧剂、溶剂组成	干燥迅速，涂膜平整光滑、耐候性好、可用砂蜡打磨。底漆应为硝基底漆，并以喷涂为主	室外木质面及金属面的涂饰
各色环氧磁漆 H04-1、H04-9	由环氧树脂胶、体质颜料、固化剂等（双组分）组成	漆膜坚硬，附着力好，耐化学性、耐腐蚀、耐碱性好	化工设备、贮槽及需抗腐蚀的金属和混凝土的涂覆

3. 底漆

底漆代号 06，是直接涂施于物体表面的第一层涂料，作为面层涂料的基础。部分常用底漆性能和用途见表 2-4。

常用底漆性能、用途 表 2-4

名称	组成	性能	作用
各种环氧树脂底漆 H06-2、H06-4、H06-19、H53-1	环氧树脂、改性植物油、防锈颜料、体质颜料、固化剂等（双组分）	漆膜坚硬、附着力好，耐水、防腐、耐磨性均好	不同品种分别适用于黑色金属表面或轻金属表面打底用

续表

名称	组成	性能	作用
各色酚醛底漆 F06-1	与酚醛磁漆相同	漆膜坚硬，干燥快，遮盖力强，附着力好，具耐硝基漆性能	用作打底或中间涂层、金属面底漆
各色硝基底漆 Q06-4	由硝化棉、醇酸树脂、松香甘油酯、颜料、体质颜料、增韧剂、溶剂组成	附着力强，覆盖力强，有防锈性能，宜喷涂	各种硝基漆配套的底漆

4. 地板漆

常用的地板漆的性能与用途见表 2-5。

几种地板漆的性能与用途　　表 2-5

类别	型号	名称	曾用名称	性能	用途
天然树脂漆	T08-1	钙酯地板漆	地板清漆	漆膜干燥迅速，光亮，有一定耐磨度和硬度	室内木质地板涂装，使用量 40 ～ 50g/m^2
	T80-2	各色酯胶地板漆	紫红地板漆	耐磨性好，有一定的硬度的耐水性	用于涂刷地板，使用量 150g/m^2
酚醛树脂漆	F80-1	酚醛地板漆	306 紫红地板漆、铁红地板漆	涂膜坚硬、平整光亮、耐水及耐磨性较好	适宜涂装木质地板或钢质甲板，使用量 100g/m^2
聚氨酯漆	S01-5	聚氨酯清漆（分装）		附着力好，涂膜光亮、坚硬、耐磨性优异，耐水、耐油、耐碱	用于涂装甲级木质地板及混凝土地面

5. 防锈漆

防锈漆代号 53，有油性防锈漆和树脂防锈漆两类。部分防锈漆的组成、性能及用途见表 2-6。

部分防锈漆的组成、性能及作用　　表 2-6

名称	组成	性能	作用
红丹酯胶防锈漆	用酯胶漆料与少量红丹、体质颜料研磨，加入催干剂及有机溶剂制成	干燥性比红丹油性防锈漆好，但耐久性差，不宜暴露在大气中，必须用适当面漆覆盖	作室内、外钢铁构筑物的打底用
红丹酚醛防锈漆 F53-31	长油度松香改性酚醛树脂漆料，山松香甘油酯加红丹、体质颜料、催干剂制成	防锈性、附着力好，机械强度较高，耐水性较油性防锈漆和醇酸防锈漆好，干燥性较油性防锈漆好。缺点是易沉降、有一定毒性、不宜喷涂、价格较一般防锈漆高	室内、外钢铁表面作防锈打底用

6. 特种油漆

当建筑上有特殊功能要求时，可选用相应编号的油漆，如 50 为耐酸漆，51 为耐碱漆，52 为防腐漆，55 为耐水漆，60 为防火漆，61 为耐热漆，80 为地板漆等。部分特种油漆性能、用途见表 2-7。

特种油漆性能、用途　　表 2-7

名称	组成	性能	作用
沥青耐酸漆 L50-1	石油沥青、干性植物油、催干剂、溶剂等	有良好附着力、耐硫酸腐蚀	需防止硫酸腐蚀的金属表面

续表

名称	组成	性能	作用
丙烯酸防火漆 B60-70	丙烯酸树脂，合成树脂乳液等	防火性能较好，无毒无污染，装饰性能好	用于室内木结构、木装修防火装饰
丁苯橡胶漆	由丁二烯与苯乙烯的共聚物制成	涂膜透明、无味、无臭、无毒，耐酸、碱、醇、水、动植物油、洗涤剂，涂膜干燥快	作砖石、混凝土面的外用涂料和室内水泥地面涂料

7. 稀释剂

各类油漆在施工中一般均加入稀料加以稀释。稀释剂是根据它对主要成膜物质的溶解力、对漆膜形成的影响、自身的挥发速度等因素选用，还要符合环保要求。稀释剂分为成品稀释剂和自配稀释剂，部分常用成品稀释剂见表 2-8。

常用成品稀释剂　　表 2-8

名称	曾用名称	型号	性能及作用
硝基漆稀释剂	甲级天那水 甲级香蕉水	X-1	可稀释硝基底漆、磁漆和清漆，稀释效果高于 X-2，低于 X-20
	乙级天那水 乙级香蕉水	X-2	稀释效果低于 X-1，用于质量要求不高的硝基漆或洗涤硝基漆的施工工具
醇酸漆稀释剂	醇酸漆稀料	X-6	供各种中、长度醇酸清漆、磁漆作稀释用，也可用于油基漆
甲级过氯乙烯漆稀释剂		X-3	挥发速度适当，稀释能力好，效果比 X-23 强，用来稀释各种过氯乙烯清漆、磁漆、底漆、腻子
乙级过氯乙烯漆稀释剂		X-23	具有一定稀释力，但较 X-3 差，供要求不高的过氯乙烯磁漆、底漆、腻子、稀释用及清洗施工工具用

第二节 油漆涂料的调配

1. 油漆涂料的基本调配

油漆涂料的基本调配，见表 2-9。

油漆涂料的基本调配 表 2-9

步骤	图示及说明
准备工作	准备好各种工具及红、黄、蓝、白、黑五种基本颜色（用红、黄、蓝、白、黑这五种基本颜色，可以调配出各种颜色）。
三原色的调配	红、黄、蓝三种为三原色，三原色两种颜色混合就可以得到间色。  1）红色加黄色呈橙色、黄色加蓝色呈绿色、红色加蓝色呈紫色（用木棍进行搅拌）。     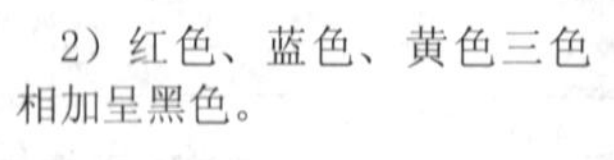 2）红色、蓝色、黄色三色相加呈黑色。 

续表

<table>
<tr><th>步骤</th><th>图示及说明</th></tr>
<tr><td>施工现场的调配</td><td>在施工现场调配颜色时，主要凭实践经验，同时按颜色色板进行试配。配色时用量大，着色力小的颜色为主色；着色力强、用量小的颜色为次色、副色。例如调配草绿色，黄色是主色，中黄是次色，蓝色是副色。
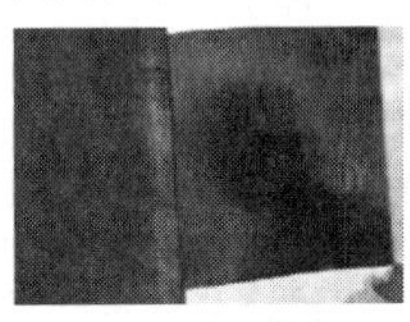
调配时要慢慢的依次将次色、副色加入主色中，不断搅拌，同时随时观察颜色的变化，边调边看，直到满意为止（千万不能颠倒顺序，将主色放入次色、副色中去）。
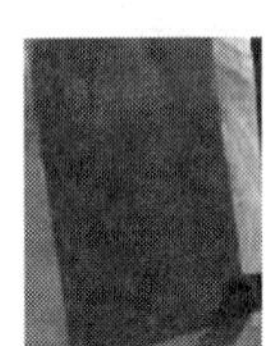
加入不同分量的白色，可将原色或副色冲淡，得出深浅程度不同的颜色（如在草绿色中加入白色，就会变成淡绿色）。

加入不同分量的黑色，可以得到亮度不同的色彩（如在草绿色中加入黑色，就会变成墨绿色），无论哪种颜色，加入黑色就会改变亮度，黑色越多，亮度越低。</td></tr>
<tr><td>稀释</td><td>因贮藏或气候原因，造成涂料稠度过大时，应在涂料中掺入适量稀释剂，使稠度降到符合施工的要求。稀释剂的分量不得超过涂料重量的20%，超过就会降低涂抹性能。在使用各种涂料时，必须选择相配套的稀释剂，否则涂料就会发生沉淀、析出、失光和施涂困难等质量事故。
</td></tr>
</table>

2. 用于木材面上的着色剂的调配

用于木材表面的着色剂主要有水色、酒色和油色。

（1）水色的调配

水色的调配见表 2-10。

水色的调配　　表 2-10

步骤	图示及说明
准备工作	 原料主要用氧化铁颜料，如氧化铁黄、氧化铁红等，附加的料还有皮胶水。
调配步骤	调色时，将颜料用开水泡开，达到全部溶解的程度。 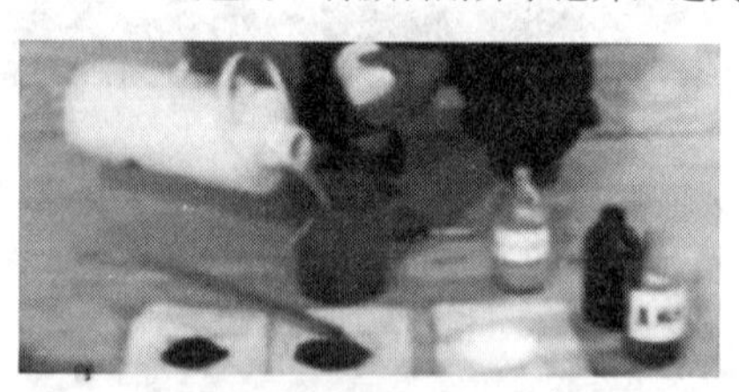 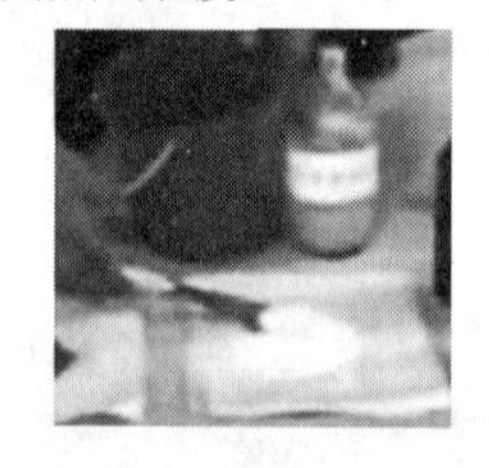 如木材是同一品种，且比较干净，颜料可以少加；如果木材深浅不一就要多加一些。 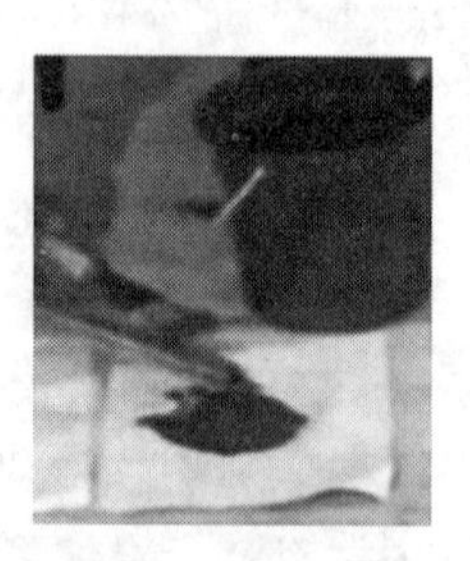 

续表

步骤	图示及说明
调配步骤	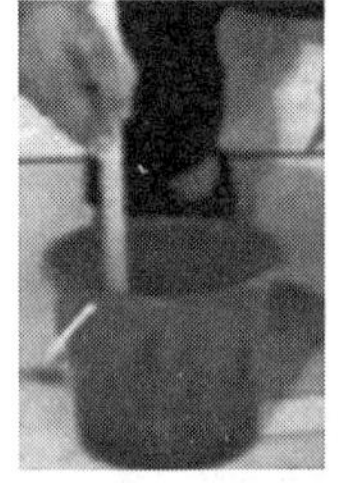 搅拌均匀  加入皮胶水（增加附着力）  加入适量的墨汁（搅拌成所需要的颜色） 配置比大致是：水 60% ～ 70%、皮胶水 10% ～ 20%、氧化铁颜色 10% ～ 20%。

（2）酒色的调配

酒色的调配见表 2-11。

酒色的调配　　表 2-11

步骤	图示及说明
准备工作	主要原料有酒精、漆片和颜料、碱性颜料和醇溶性染料。  
调配步骤	调配时，先溶漆片，酒精与漆片的比例为 1∶0.1 ～ 0.2。然后加入适量的颜料搅拌均匀。酒色的配合比要按照样板的色泽，灵活掌握，最好调配得淡一些，免得施涂深了。 

（3）油色的调配

油色的调配见表 2-12。

油色的调配　　表 2-12

步骤	图示及说明
准备工作	选用的颜料是氧化铁红、铁黄等，用料还有铅油、清漆、精油、松香水等。 
调配步骤	先用清油和醇酸稀料，烧成混合稀释量。    在铅油中加入混合稀释量搅拌。 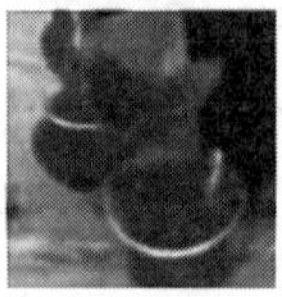 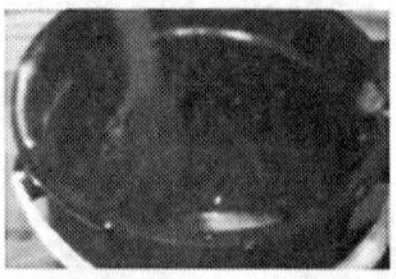 在醇酸稀料中加入颜料，再倒入铅油中搅拌均匀。  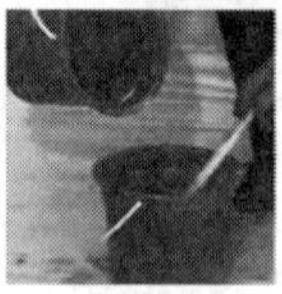 最后用 100 目铜丝网过滤，除去杂质。 
用途	油色施涂于木材表面以后，既能显露木门，又能使木材底色一致。  

第三节 油漆的保管

1. 油漆涂料贮存注意事项

多数油漆涂料是缺乏稳定性、易燃的液体物质，受到客观环境的不利影响往往会发生变质、变态甚至起火爆炸。如溶剂遇火会燃烧，铝粉温度过高遇氧易爆炸，乳胶漆受冻后会报废。因此，对油漆涂料的妥善保管十分重要，贮存保管中应注意以下事项：

1）油漆涂料搬运或堆放要轻装、轻卸，保持包装容器的完好和密封，切勿将油桶任意滚、扔。

2）油漆涂料不要露天存放，应存放在干燥、阴凉、通风、隔热、无阳光直射、附近无直接火源的库房内。温度最好保持在 5 ～ 32℃，有些装饰涂料受冻后即失效。

3）漆桶应放置在木架上，如必须放在地面时，应垫高 10cm 以上，以利通风、干燥。

4）库房内及近库房处应无火源，并备有必要的消防设备。

5）油漆涂料存放前应分类登记，填上厂名、出厂日期、批号、进库日期，严格按照先生产先使用的原则发料，对多组分油漆涂料必须按原有的规格、数量配套存放，不可弄乱。对易燃、有毒物品应贴有标记和中毒后的解救方法。

6）对超过贮存期限，已有变质、变态迹象的油漆涂料应尽快检验，取样试用，察看效果；如无质量问题需尽快使用，以防浪费。

7）对易沉淀的色漆、防锈漆，应每隔一段时间将漆桶倒置一次，对已配制好的油漆涂料应注明名称、用途、颜色等，以免拿错。

8）不同品种的颜料最好分别存放，与酸碱隔离，以免互相沾染或反应，尤其是炭黑应单独存放。甲醇、乙醇、丙酮类应单独存放。

2. 常用涂饰材料的贮存与保管

常用涂饰材料的贮存保管方法及注意事项见表 2-13。

常用涂饰材料贮存保管方法　　表 2-13

材料名称	存放方式	注意事项
乳液涂料 乳液清漆 丙烯酸涂料 糊精 多彩漆	放在架子上，应注明标志。新来的材料放在先贮存物品的后边，不能受冻	防止冰冻。水性涂料都有存放期限，必须在限期内用完
白垩 干性颜料 熟石膏 胶 膏状粉末 粉末状填充剂	小件放在架子上，大件放在地面垫板上，零散材料放在有盖箱子里	应防止潮湿，注意石膏存放期限，防潮，以防凝结
醇溶性 脱漆剂	放在架子上	温度超过 15℃会引起膨胀，以至突然冒出容器，防止明火
砂纸	应保持平整，装在盒内或袋内便于识别	防止过热以免砂纸变质，防止潮湿，否则会使砂纸的质量降低
玻璃	立着存放在支架上	干燥存放，以防玻璃粘在一起，放在肮脏的地方会使玻璃变脏
苫布	叠好放在台板上	保持洁净、干燥，防止发霉
刷子	悬挂或平放在柜橱里，新刷子不宜打开包装	用除虫剂防止虫蛀，保持干燥以防发霉
滚筒	挂在柜橱里	羔羊毛和马海毛滚筒的保存方法和刷子相同
金属工具和喷枪	悬挂或平放在柜橱里	涂上油脂或用防潮纸包上，防止锈蚀
石蜡杂酚油	装在有开关的铁桶里放在支架上 装入 5L 或 20L 带螺丝口的罐里，放在低处	拧紧盖子放在与主建筑物分开的密封场所内

续表

材料名称	存放方式	注意事项
液态气体 压缩气体 石油 纤维素涂料 纤维素稀释剂 氯化橡胶稀释剂 甲基化酒精 聚氯基甲酸酯稀释剂	放在外边应防止冰雪和阳光直射 专用仓库的构造如下： 墙：应用砖、石、混凝土或其他防火材料砌筑 屋面：应用易碎材料铺盖以减少爆炸力 门窗：厚度为 50mm 向外开 玻璃：厚度应不小于 6mm 的嵌丝玻璃 地面：混凝土地面，应倾斜，溢出的溶液不应留在容器下 照明开关：为了不引起火花应安在室外	按最易燃烧的液体和液化石油气的使用贮存规章存放 注：这些规章只适用于存放 50L 以上的材料，存放材料须得到地方有关检查部门的准许
大漆	盛大漆的容器是一直沿袭几千年的木桶	大漆是一种天然的有机化合物，呈弱酸性，其性能比较活泼，与一般金属会发生反应

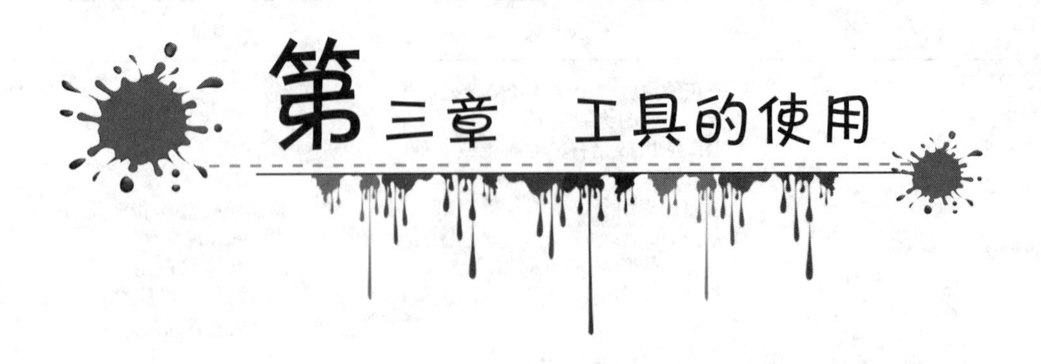

第三章 工具的使用

第一节 基层清理工具

1. 铲刀

要求弹性好，能弯、不折，弯至55°角时，仍能恢复原态，刃薄而利。

规格：刃宽约25mm（1″）、38mm（1.5″）、50mm（2″）、68mm（2.5″）。铲刀用于清除灰土、刮铲涂料、铁锈以及调配腻子等，如图3-1所示。

图3-1 铲刀

图3-2 清理灰土示意图

用法：用其清理灰土前将铲刀磨快，两角磨齐，这样才能把木材面上的灰土清理干净而不伤木质。清理时，手应拿在铲刀的刀片上，大拇指在一面，四个手指压紧另一面，如图 3-2 所示。要顺木纹清理，这样不致因刀快而损伤木材，而且用刀轻重能随时感觉到，以便调整力度。

清理墙面上的水泥砂浆块或金属面上较硬的疙瘩时，要满把握紧刀把儿，大拇指紧压刀把顶端，铲刀的刃口要剪成斜口（不超过 20℃），用力戗刮。

2. 刻刀

刻刀在涂料的精施工时使用，如图 3-3 所示。

刻刀长时间使用后必然出现磨损，感觉下刀费力，有宣纸夹刀之感时，应该用天然石研磨（用水或机油研磨）后继续使用。

图 3-3　刻刀

3. 斜面刮刀

斜面刮刀如图 3-4 所示。

用法：用来刮除凸凹线脚、檐板或装饰物上的旧漆碎片，一般与涂料清除剂或火焰烧除器配合使用。还可用其将灰浆表面裂缝清理干净。

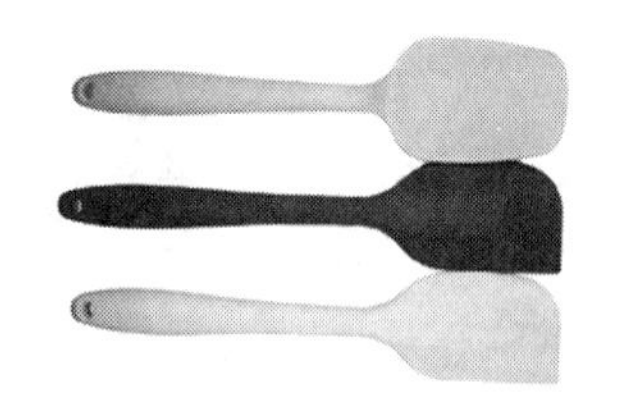

图 3-4　斜面（硅胶）刮刀

4. 刮刀

如图 3-5 所示，在长把手上安装可替换的刀片，规格为 45 ～ 80mm。

用法：用来清除旧油漆或木材上的斑渍。

图 3-5　刮刀

5. 剁刀

图 3-6　剁刀

如图 3-6 所示，带有皮革刀把和坚韧、结实的金属刀身。规格为刀片长 100 ～ 125mm。

用法：用来铲除嵌缝中的旧玻璃油灰等。

6. 锤子

如图 3-7 所示，规格为重 170 ～ 230g。

用法：用来与剁刀配合使用，清除大片锈皮；与冲子配合使用，将钉帽钉入涂饰面以内。

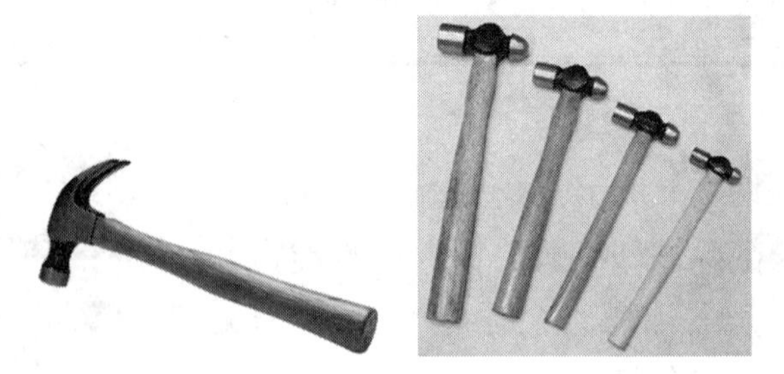

图 3-7　锤子

7. 冲子

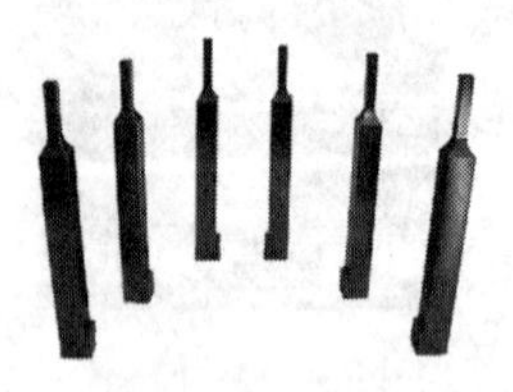

图 3-8　冲子

如图 3-8 所示，规格为端部尺寸 2mm、3mm、5mm。

用法：用来将木材表面的钉帽冲入表面以内，以便涂刮腻子。

8. 金属刷

金属刷是指带木柄，装有坚韧的钢丝刷和铜丝刷，如图 3-9 所示。

用法：铜丝刷可用于易燃环境，主要用于清除钢铁部件上的腐蚀物，清扫表面上的松散沉积物。

图 3-9　金属刷

9. 掸灰刷

如图 3-10 所示，规格为白色或黑色鬃毛或尼龙纤维。

用法：用来清扫被涂饰面上的浮尘。

图 3-10　掸灰刷

10. 旋转钢丝刷

如图 3-11 所示，主要安装在电动机或气动机上使用。

用法：用来清除金属面的铁锈或酥松的旧漆膜。

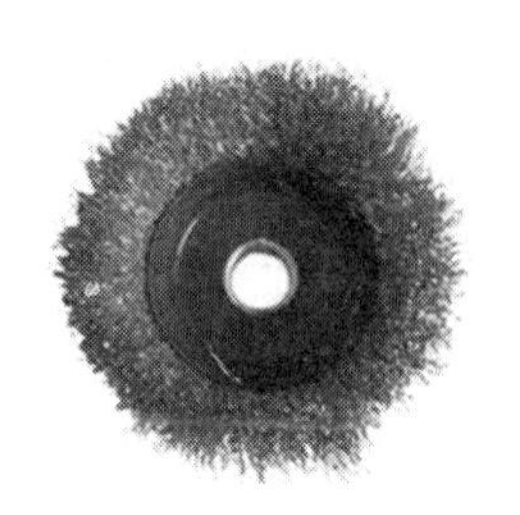

图 3-11　旋转钢丝刷

11. 钢针除锈枪

如图 3-12 所示，该枪适用于一些不便处理的角和凹面，尤其是铁艺制品

图 3-12 钢针除锈枪

和石制品的除锈。工作时须戴防护眼镜；不得在易燃环境中使用，如必须在易燃环境中使用，则应配特制的无火花型钢针。

12. 火焰清除器

图 3-13 火焰清除器

如图 3-13 所示。

用法：使用时三人为一组，一人执火焰清除器，将工作面烧热；一人用刷子清除表面的残留物；一人可在金属面仍微热时（手摸不烫，约 38℃时）涂刷底漆。

13. 气炬

如图 3-14 所示，其工作原理是以液化石油气、煤气、天然气或丁烷、丙烷为燃烧气源，利用火炬产生的热量使漆膜变软，然后用铲刀或刮刀清除。

用法：同火焰清除器。施工前应移走家具、设备；工作结束后，应检查木制品表面无冒烟现象。

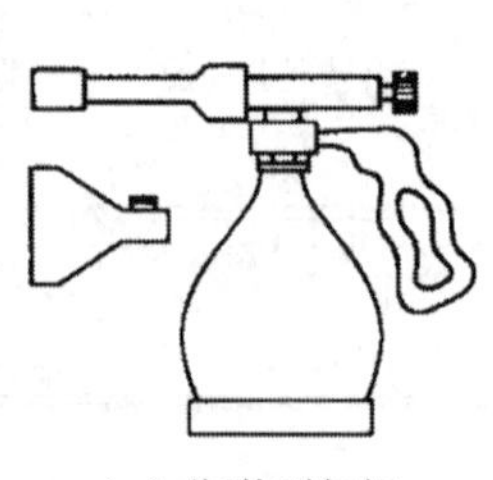

（a）瓶装型气炬

（b）罐装型气炬

（c）管道供气型气炬

图 3-14 气炬

第二节 调、刮腻子工具

1. 腻子刮铲

如图 3-15 所示，刮铲类似铲刀，但刀片薄而宽、柔韧，不要求锋利，但需平整，不应有缺口。

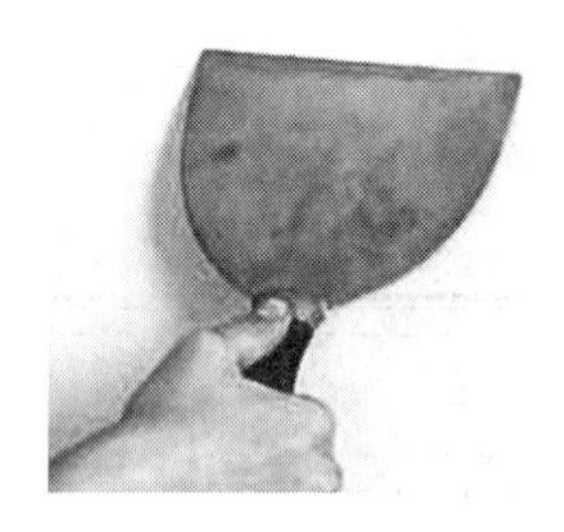

图 3-15　腻子刮铲

用法：调配腻子时，应四指握把儿，食指紧压刀片，正反两面交替调拌。刀不要磨得太快，太快可能将腻子板的木质刮起混入腻子内，造成腻子不洁。嵌补孔眼缝隙时，先用刀头嵌满填实，再用铲刀压紧腻子来回收刮。

2. 油灰（腻子）刀

如图 3-16 所示，刀片一边直一边曲，或两边都是曲线形。规格为刀片长度 112mm 或 125mm。

用法：将腻子填塞进窄缝或小孔中。镶玻璃时，可将腻子刮成斜面。

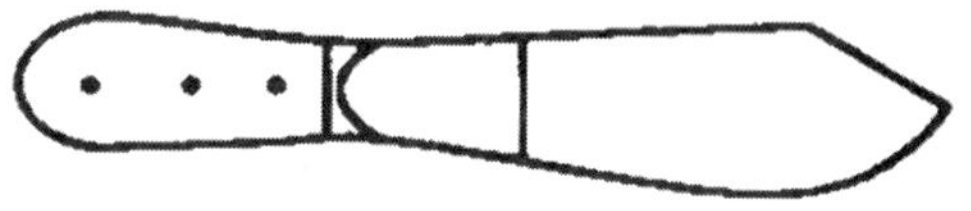

图 3-16　油灰（腻子）刀

3. 托板

托板是用油浸胶合板、复合胶合板或厚塑料板制成，形状如图 3-17 所示。

用法：调和及承托腻子等各种填充料，在填补大缝隙和孔穴时用它盛砂浆。

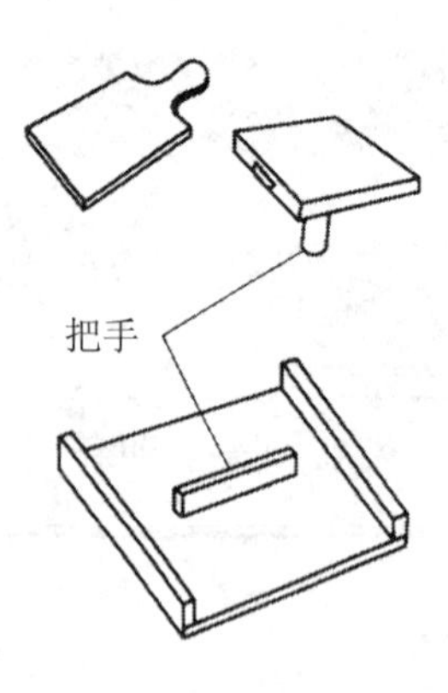

图 3-17　托板

4. 刮板

用于大面积、大批量地刮批腻子，以填充找补墙面、地面、顶棚等涂饰表面的蜂窝、麻面、小孔、凹处等缺陷，并平整其表面。刮板常用塑料板（硬聚氯乙烯板）、3230 环氧酸酚醛胶布板、厚 6mm 或 8mm 的橡胶板或薄钢片自制而成。

刮板的分类及使用见表 3-1。

刮板的分类及使用　　　　表 3-1

种类	图示	使用说明
钢刮板		硬板能压碎和刮掉前层腻子的干渣并耐用，主要用于刮涂头几遍腻子。软刮板用 0.5mm 薄钢板制成，形状与顺用椴木刮板相同，能把多余的腻子刮下来，而且刮得干净，小刀刃主要用于刮涂平面最后一遍光腻子
椴木刮板	顺用　横用	椴木刮板用来刮涂较大的平面和圆棱。椴木刮板经过泡制后，其性能与牛角刮板相似，稍有弹性，韧性大，能把硬腻子渣刮碎，长久使用不倒刃，表面光滑而发涩，能带住腻子

续表

种类	图示	使用说明
牛角刮板		用牛角制成，光滑而发涩，能带住腻子，适于找补腻子和刮涂钉眼等
橡胶刮板		简称为胶皮或胶皮刮板，用 5 ～ 8mm 厚的胶板制成，厚胶皮刮板既适于刮平又适于收边（刮涂物件的边角称收边）；薄胶皮刮板适于刮圆。橡胶刮板的样式很多

第三节　涂刷工具

1. 排笔

如图 3-18 所示，对于建筑涂料的涂装来说，排笔是重要的手工涂刷的工具，用羊毛和细竹管制成。

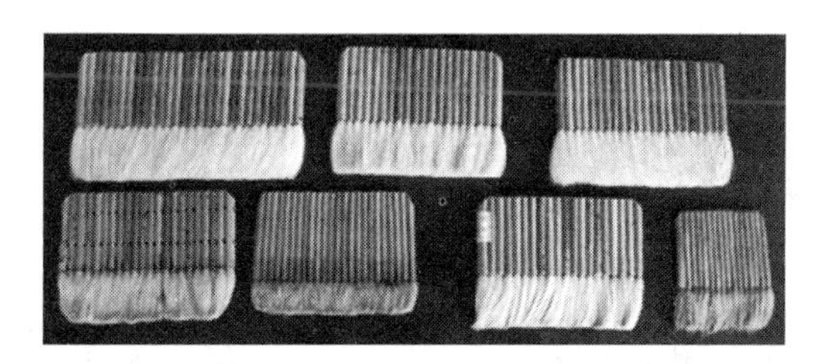

图 3-18　排笔

排笔的使用：蘸涂料后，要把排笔在桶边轻轻敲靠两下，使涂料能集中在笔毛头部，让笔毛蓄不住的余料流掉，以免滴洒。然后将握法（图 3-19）

恢复到刷浆（图 3-20）时的拿法，进行涂刷。

图 3-19　刷浆时拿法

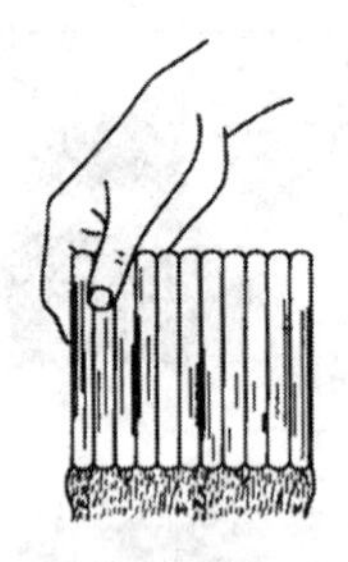
图 3-20　蘸浆时拿法

2. 油刷

油刷是用猪鬃、马鬃、人造纤维等为刷毛，以镀镍铁皮和胶粘剂将其与刷柄（木、塑料）牢固地连接在一起制成，是手工涂刷的主要工具。油刷刷毛的弹性与强度比排笔大，故用于涂刷黏度较大的涂料，如酚醛漆、醇酸漆、酯胶漆、清油、调和漆、厚漆等油性清漆和色漆。

油刷的种类和规格，按刷毛宽度分有 0.5″、1″、1.5″、2″、2.5″、3″、3.5″、4″、4.5″、6″等；按刷毛种类分有纯猪鬃刷、马鬃刷、合成纤维刷；按刷柄长短形状分有直把刷、弯把刷、长柄刷等；按用途分有 12 种，见表 3-2。

油刷按用途的分类　　表 3-2

种类	图示	规格
平刷或清漆刷		一般用纯鬃或合成纤维制作，刷毛宽度有 1″、1.5″、2″、2.5″、3″、3.5″等。在门窗表面和边框使用
墙刷		由鬃、人造纤维混合制作，宽度有 3.5″、4″、4.5″、6″等。在大面积上涂刷水性涂料或胶粘剂
板刷(底纹笔)	—	比一般的油刷薄，由白猪鬃或羊毛制作，各规格宽度与一般的油刷类似。羊毛刷与排笔相似，可涂刷硝基清漆、聚氨酯清漆、丙烯酸清漆

续表

种类	图示	规格
清洗刷		以混合刷毛或天然纤维，并用铜丝捆扎成束状。用于清洗或涂刷碱性涂料
剁点刷		平板上固定小束鬃毛，毛端成一平面，有直柄和弓形柄。有各种尺寸，最常用150mm×100mm。可用于涂刷面漆后，用它来拍打成有纹理的花样面
掸灰刷		刷毛为白色或黑色纯鬃或人造纤维，一般用尼龙制作。用于在涂饰前清扫表面灰尘或脏污
修饰刷		用镀镍铁皮将刷毛固定成扁形或圆形束。扁形的宽度为5～28mm，圆形的直径为3～20mm。有八种尺寸。用于涂刷细小的不易刷到的工作面
漏花刷		刷毛为短而硬的黑色鬃毛。用于在雕刻的漏花印板上涂刷涂料，达到装饰效果或印字
画线刷		用金属箍将鬃毛固定成扁平状，并切成一定的斜角。宽度为6mm、12mm、18mm、25mm、31mm、37mm，与直尺配合用于画线
长柄刷		将刷子固定在长铁棍上，长铁棍可弯曲，以便伸到工作面上。宽度有1″、1.5″、2″。用于铁管或散热器的靠墙一面
弯头刷		用镀镍铁皮将刷毛固定成圆形或扁形，刷柄弯成一定的角度用它涂刷不易涂刷到的部位。扁形的宽度为9mm、12mm、15mm；圆形的直径为18～31mm。用途与长柄刷相似
压力送料刷	控制开关 可更换的刷头 涂料罐 涂料输出管	刷子固定在软管上，涂料从容量5～10L的压力罐里通过软管送到刷子上。涂料流量是通过刷子上的气压控制阀来调整的

油刷的使用方法：油刷的握法，如图 3-21 所示。使用新刷时，要先把灰尘拍掉，并在$1\frac{1}{2}$号木砂纸上磨刷几遍，将不牢固的鬃毛擦掉，并将刷毛磨顺磨齐。这样，涂刷时不易留下刷纹和掉毛。蘸油时不能把刷毛全部蘸满，一般只蘸到刷毛的$\frac{2}{3}$。蘸油后，要在油桶内边轻轻地把油刷两边各拍一二下，目的是把蘸起的涂料拍到鬃毛的头部，以免涂刷时涂料滴洒。在窗扇、门框等狭长物件上刷油时，要用油刷的侧面上油，上满后再用油刷的大面刷匀理直。涂刷不同的涂料时，不可同用一把刷子，以免影响色调。使用过久的刷毛变得短而厚时，可用刀削其两面，使其变薄，还可再用。

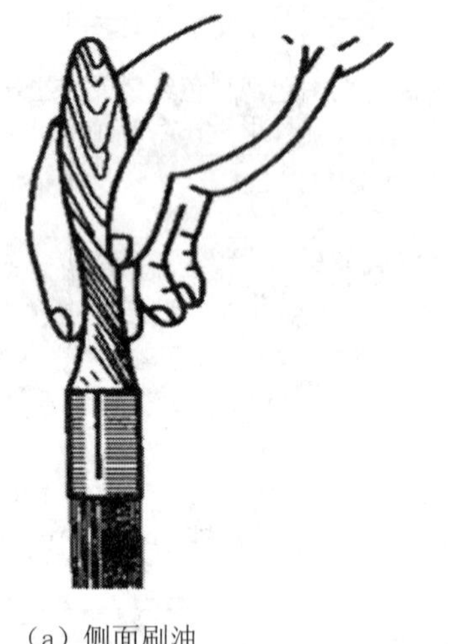
（a）侧面刷油

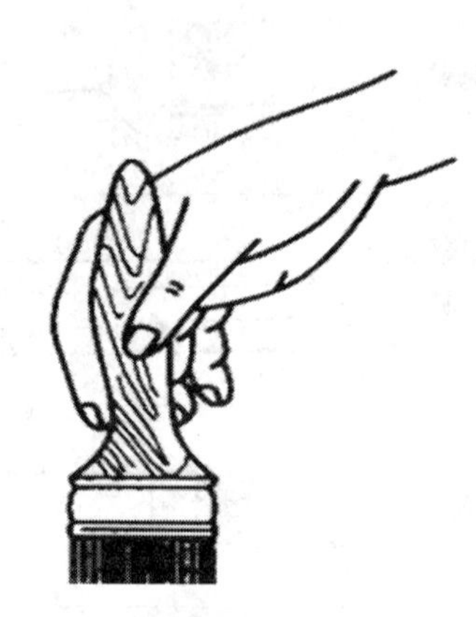
（b）大面刷油

图 3-21　油刷的拿法

第四节　美工油漆工具

1. 缩放尺

缩放尺如图 3-22 所示。用竹、木、铝合金等材料制成 4 根尺杆，由螺钉连接。每根尺杆上有数字刻度和小孔。用于缩小或放大字样、花样等。

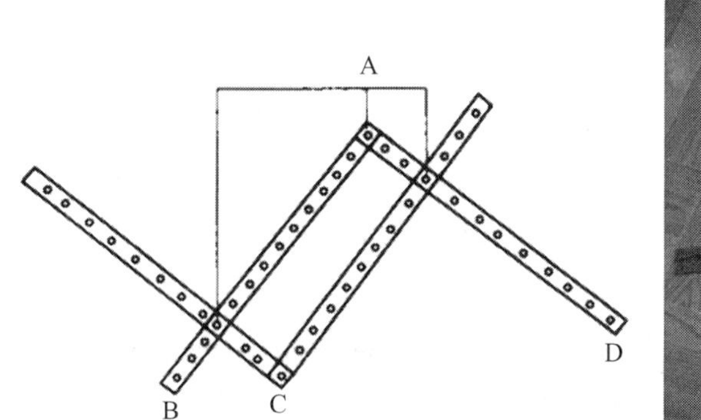

图 3-22　缩放尺

A—元宝螺钉；B—螺钉固定；C—插尖头竹笔孔；D—插铅笔孔

使用方法：操作时，将 B 点用螺钉固定在板上，C 点孔中插尖头竹笔，下面放原字样，D 点孔中插铅笔，其下放一张白纸。通过调节 A 位的元宝螺钉的插孔位置，使 BC 和 CD 的距离之比符合原字样放大的倍数。如需将字样放大 2 倍，即 CB ∶ CD = 1 ∶ 2，然后将尖头竹笔沿着字样的边沿移动，插入 D 点的铅笔即在白纸上随之移动，从而将原字样按比例地描画在白纸上。

如需缩小字样，则将尖头竹笔和铅笔互换位置即可。如将 D 点插入竹笔，下置字样，C 点插入铅笔，下置白纸。按上法操作，即可得到缩小字样。

2. 弧形画线板

弧形画线板如图 3-23 所示。木板的圆弧面为坡口，坡口的宽度视所要求的线条宽度而定。

使用方法：如图 3-24 所示，将圆弧边沿在玻璃板上的油漆层滚上涂料，再在需画线的位置上滚轧成线条。用于美工画直线。

图 3-23　弧形画线板

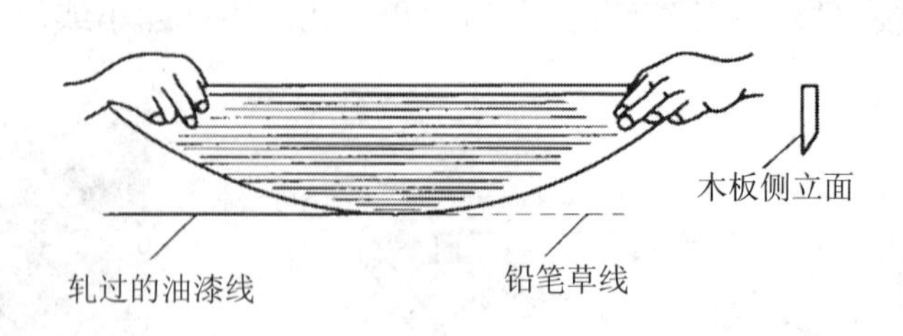

图 3-24　用弧形木板画线

3. 漏板

制作美工油漆时，需要涂饰面上呈现花样或字样。这种涂饰花样、字样的专用工具称为漏板。

花纹字样从板上挖空制成的漏板为空心漏板。将花纹、字样之外的部分从板上挖去的为实心漏板。

根据漏板用材不同，可分为金属漏板、薄板漏板、丝棉漏板，详见表 3-3。

漏板按材料的分类　　表 3-3

种类	适用范围	说明
金属漏板	大批量反复喷涂的花样和字样	用铁皮、铜皮等金属制成（图 3-25）。特点：经久耐用
硬纸漏板	批量不太大的花样字样的使用	用厚硬纸制作。特点：制作较为方便，耐久性较金属漏板差
丝绢漏板	—	用丝绢和纸制作的漏板。特点：依靠丝绢把花或字的每一笔画连在一起，由于油漆透过丝绢能够自然流平，成为完整的笔画，所以丝绢漏板可以制成细花小字漏板
丝棉漏板	—	丝棉漏板是喷涂假大理石花纹的专用工具。由于丝棉对工件遮盖不均，与工件距离不等，所以能喷出过渡颜色，呈现大理石样的花纹

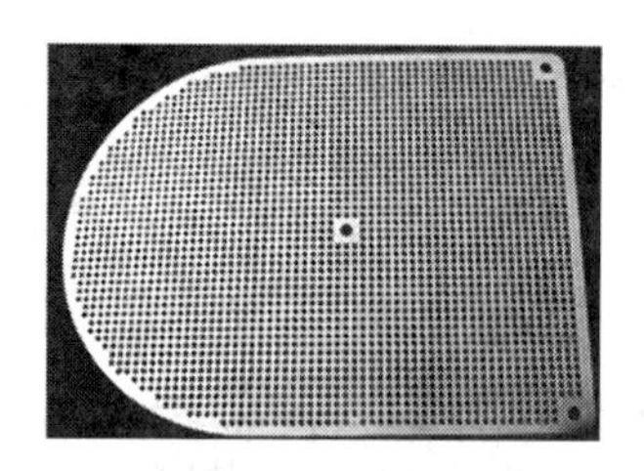

图 3-25　金属漏板

4. 画线尺

如图 3-26 所示，画线尺为一平直的薄木板，两端用小木垫垫起。与画线笔配合画线使用时，不会因毛细管吸附作用而使涂料漫洇出来。薄板画线边为斜坡边，尺背为把手，便于把握。

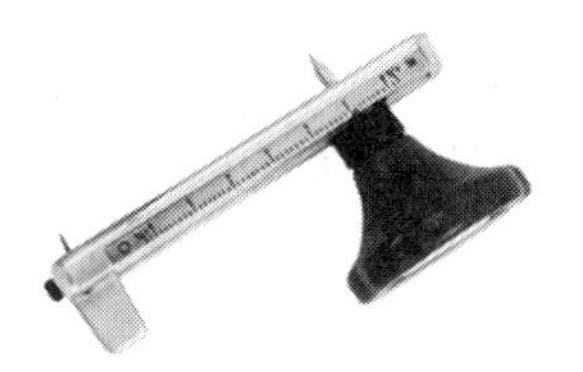

图 3-26　画线尺

第五节 裱糊用具

1. 裁割工具

裁割工具的种类及特点，见表 3-4。

裁割工具的种类及特点　　表 3–4

种类	图示	特点	使用
活动剪纸刀		刀片可伸缩，并有多节，用钝后可截去，携带方便，使用安全，根据刀片的长度、宽度及厚度分为大、中、小号	与钢尺或刮板配合使用，要一刀到底，中途不得偏移角度或用力不均。保持刀片的清洁锋利，钝后即时截去，顶出下一节使用。适用于裁割及修整壁纸
长刃剪刀		长刃剪刀外形与理发剪刀十分相似，长度为 250mm、275mm 或 300mm 左右，适宜剪裁浸湿了的壁纸或重型的纤维衬、布衬的乙烯基壁纸及开关孔的掏孔等	裁剪时先用直尺划出印痕或用剪刀背沿踢脚板，顶棚的边缘划出印痕，将壁纸沿印痕折叠起来裁剪
轮刀		轮刀分齿形轮刀和刃形轮刀两种	使用齿形轮刀可在壁纸上滚压出连串小孔，即能沿孔线很容易地均匀撕断；刃形轮刀通过滚压将壁纸直接断开，对于质地较脆的壁纸墙布裁割最为适宜。可代替活动裁纸刀用于裁割壁纸，尤其适于修整圆形凸起物周围的壁纸和边角轮廓；也适宜裁割金属箔类脆薄壁纸
修整刀		修整刀有直角形或圆形的，刀片可更换	主要用于修整、裁切边角和圆形障碍物周围多余的壁纸
油灰铲刀		—	油灰铲刀可用于修补基层表面裂缝、孔洞及剥除旧裱糊面上的壁纸墙布等
刮板		刮板可用富有弹性的钢片制成，也可用有机玻璃或硬塑料板，切成梯形，尺寸可视操作方便而定，一般下边宽度 10cm 左右	刮板主要用于刮、抹压等工序，刮板在裱贴时，用得很频繁，基本上不离手，除了上面提到的作用外，有时也当作直尺使用，进行小面积的裁割

续表

种类	图示	特点	使用
直尺		直尺可用红白松木制成，比较好的是铝合金直尺。它具有强度高、质量轻、不易变形及不易破损等优点。目前所使用的铝合金直尺，实际上是一个小断面的薄壁方管，也有的使用铝合金窗料。尺的长度可长可短，操作方便即可	裁剪时先用直尺划出印痕或用剪刀背沿踢脚板，顶棚的边缘划出印痕，将壁纸沿印痕折叠起来裁剪

2. 裱糊工具

裱糊工具的种类及特点，见表 3-5。

裱糊工具的种类及特点　　表 3-5

种类	图示	特点	使用
壁纸刷		壁纸刷用黑色或白色鬃毛制成，安装在塑料或橡胶柄上。主要用于刷平、刷实定位后的壁纸	使用壁纸刷由壁纸中心部位向两边赶刷。用后用肥皂水或清水洗净晾干，以避免沾在刷毛上的胶粘剂沾污壁纸
裱糊台		裱糊台是可折叠的坚固木制台面	主要用于：壁纸裁切、涂胶、测量。用后保持台面、台边清洁、光滑

续表

种类	图示	特点	使用
浆糊辊筒		浆糊辊筒是指裹有防水绒毛的涂料辊筒。适用于代替浆糊刷滚涂胶粘剂、底胶和壁纸保护剂	用它滚涂与使用浆糊刷相同，要遮挡不需胶液的部位。滚涂工作台上的壁纸背面时，在滚完后将壁纸对叠，以防胶液过快干燥
压缝辊和阴缝辊		压缝辊和阴缝辊用硬木、塑料、硬橡胶等材料制成。适用于滚压壁纸接缝，其中阴缝辊专用于阴缝部位壁纸压缝，防止翘边。不适用于绒絮面、金属箔、浮雕壁纸	一般是裱糊后10～30min，待胶粘剂干燥至不呈水状时再行滚压。应沿接缝由上而下或由下而上短距离快速滚压。用后保持清洁和轴承润滑，滚动灵活
压缝海绵		压缝海绵是普通海绵块。适用于金属箔、绒面、浮雕型或脆弱型壁纸的压缝	待壁纸稍干后，用手指和湿海绵将接缝压在一起。按压完毕，检查壁纸表面，擦去渗出的胶液

3. 裁割玻璃常用工具

裁割玻璃常用工具的种类及特点，见表3-6。

裁割玻璃常用工具的种类及特点　　表3-6

种类	图示	特点说明
工作台		工作台一般用木料制作，台面尺寸大小根据需要而定。裁割大块玻璃时要垫软的绒布，其厚度要求在3mm以上

续表

种类	图示	特点说明
玻璃刀		又称金刚钻。2 号玻璃刀适用于裁割 2 ～ 3mm 玻璃，3 号玻璃刀适用于 2 ～ 4mm 玻璃，4 号玻璃刀适用于 3 ～ 6mm 玻璃，5 号、6 号玻璃刀适用于 4 ～ 8mm 玻璃，可根据玻璃厚度选用
直尺		用不易变形的木材制成，作为裁割玻璃时玻璃刀的靠尺。直尺断面大小和长短，根据玻璃大小、厚度确定
角尺		是裁割玻璃的常用工具
铁钳		铁钳用于扳脱玻璃边口裁下的狭条

第六节　玻璃裁装工具

1. 玻璃加工工具

除了在裱糊用具中介绍的玻璃裁割工具外，还有以下工具。

（1）毛笔

如图 3-27 所示，裁划 5mm 以上厚的玻璃时抹煤油用。

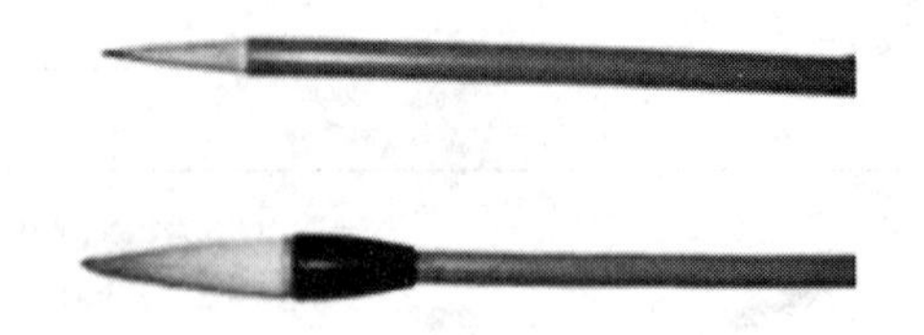

图 3-27 毛笔

(2)圆规刀

裁割圆形玻璃用，如图 3-28 所示。

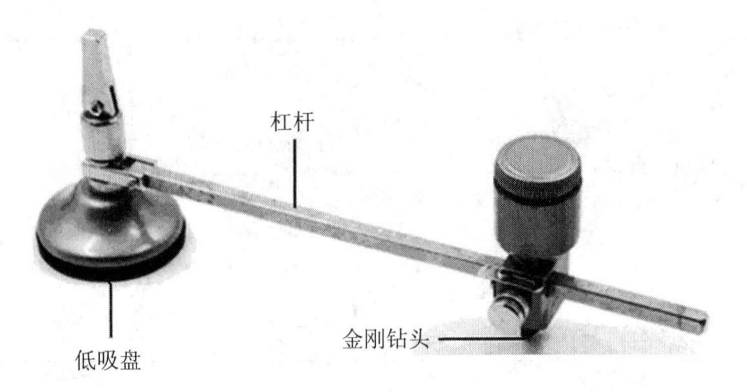

图 3-28 圆规刀

(3)手动玻璃钻孔器

在玻璃上钻孔用，如图 3-29 所示。

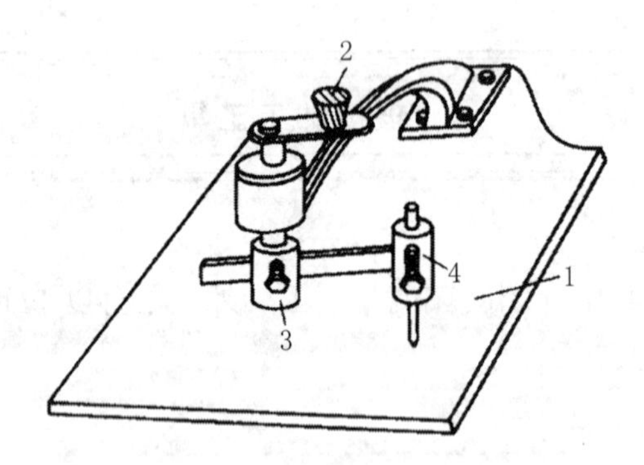

图 3-29 手动玻璃钻孔器

1—台板面；2—摇手柄；3—金刚石空心钻固定处；4—长臂圆划刀

(4) 电动玻璃开槽机

用于玻璃开槽，如图 3-30 所示。

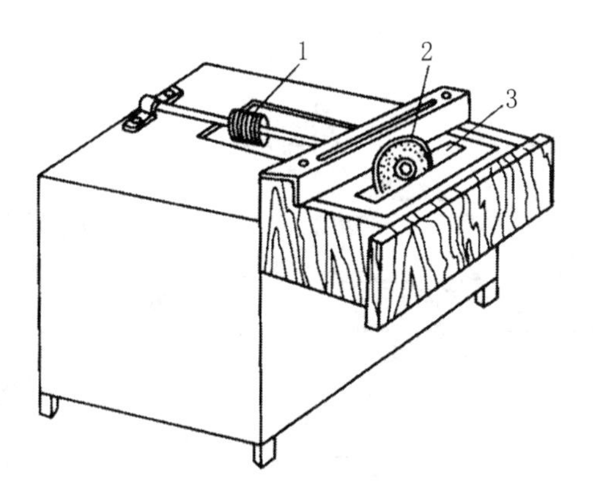

图 3-30　电动玻璃开槽机

1—皮带；2—生铁轮子；3—金刚砂槽

2. 玻璃安装工具

玻璃安装工具的种类及特点，见表 3-7。

玻璃安装工具的种类及特点　　表 3-7

种类	图示	说明
腻子刀	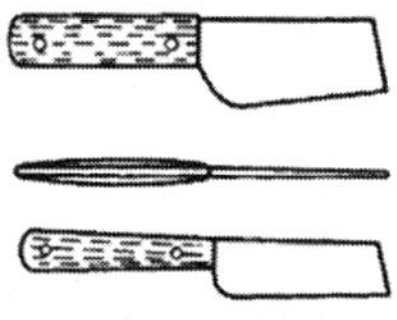	分大号、小号，填塞油灰用
挑腻子刀		清除门窗槽中的干腻子

续表

种类	图示	说明
油灰锤	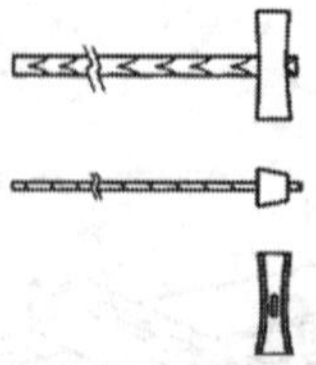	木门窗安玻璃时，敲入固定玻璃的三角钉时使用
铁锤	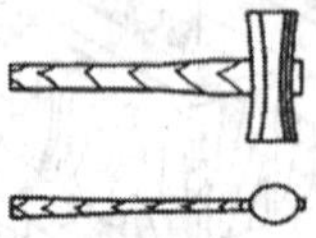	开玻璃箱，折断厚板时加力用。有轻、重型两种
装修施工锤	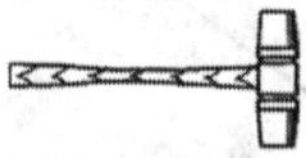	锤头用合成橡胶、木质、硬塑料制成。用于铝合金门窗玻璃安装时，组装和分解部件用
嵌缝枪		嵌缝枪也称密封枪，将嵌缝材料（玻璃胶）装入枪管中，进行玻璃嵌缝作业
嵌锁条器	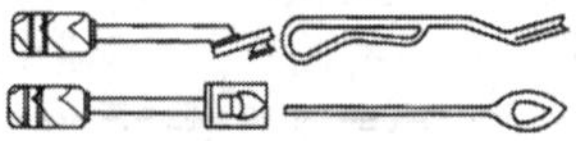	塞入橡胶嵌条入槽时用
剪钳	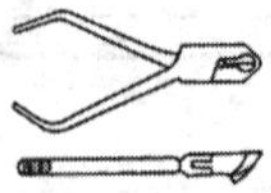	切断嵌条时用
嵌条滚子	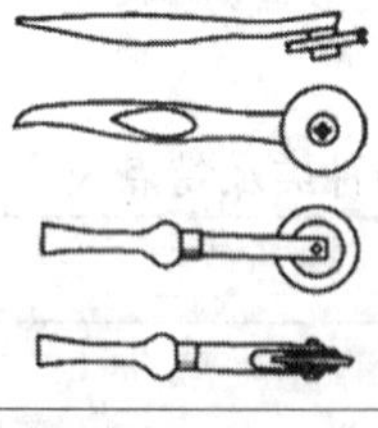	嵌入橡胶嵌条时用
螺丝刀	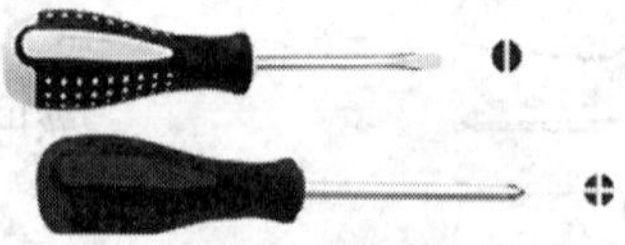	一字形、十字形、手动式、电动式多种，用于拧螺钉
吸盘		有大型、小型、单式、复式多种类型，用于大型平板玻璃的安装就位

续表

种类	图示	说明
大型玻璃施工机械	1—板玻璃旋转手柄；2—水平移动手柄；3—水平摆动手柄；4—前后移动手柄；5—上下移动手柄；6—俯仰手柄；7—水平摆动止动销	在叉车、起重机、提升机上联动使用吸盘。用于玻璃幕墙等大规模玻璃安装工程

第七节　其他工具

1. 滚涂工具

滚涂工效比刷涂高，工具比喷涂简单，因而得到广泛使用。其主要工具是辊筒（图 3-31）和与之配合使用的涂料底盘和辊网。

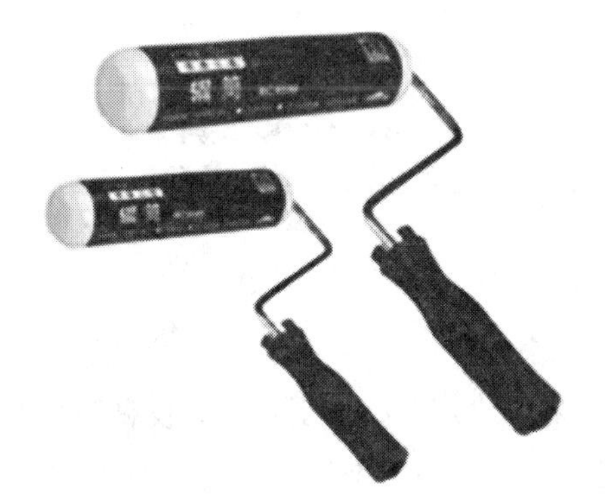

图 3-31　辊筒

毛辊的使用：用毛辊滚涂时，需配套的辅助工具——涂料底盘和辊网，如图3-32所示。操作时，先将涂料放入底盘，用手握住毛辊手柄，把辊筒的一半浸入涂料中，然后在底盘上滚动几下，使涂料均匀吃进辊筒，并在辊网上滚动均匀后，即可滚涂。

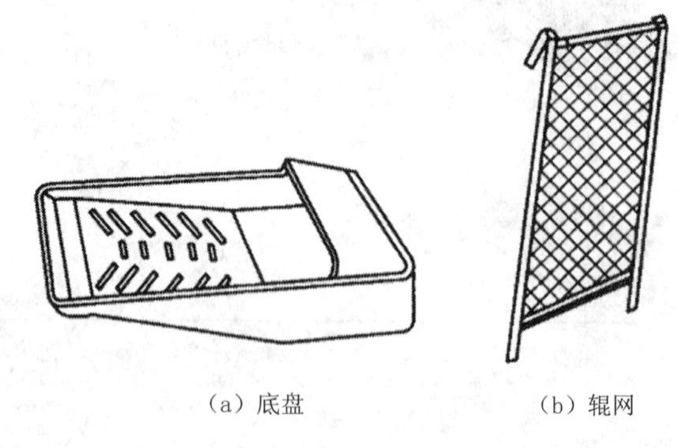

(a) 底盘　(b) 辊网

图3-32　涂料底盘和辊网

2. 喷涂工具

如图3-33所示，是一种最常见的喷枪。

喷枪的种类很多，按混合方式可分为内混式和外混式两种；按涂料供给方式可分为吸上式、重力式和压送式喷枪。

图3-33　喷枪

3. 研磨工具

(1) 砂纸与砂布

如图3-34所示，将天然或人造的磨料用胶粘剂粘结在纸或布上。天然的磨料有钢玉、石榴石、石英、火燧石、浮石、硅藻土、白垩等。人造的磨料有人造钢玉、人造金刚砂、玻璃及各种金属碳化物。

按照磨光表面的性质，采用不同型号的砂纸和砂布，而型号则按磨料的粒度来划分。木砂纸是代号越大，磨料越粗；水砂纸则相反。

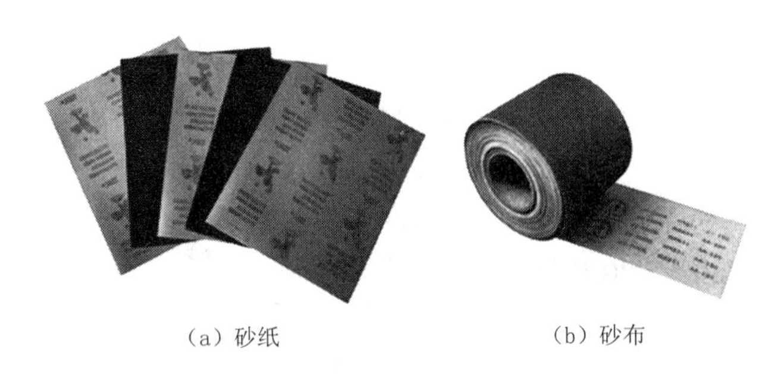

（a）砂纸　　（b）砂布

图 3-34　砂纸与砂布

砂纸、砂布的分类及用途见表 3-8。

砂纸、砂布的分类及用途　　表 3-8

种类	磨料粒度号数（目）	砂纸、砂布代号	用途
最细	240 ～ 320	水砂纸：400；500；600	清漆、硝基漆、油基涂料的层间打磨及涂面的粗磨
细	100 ～ 220	玻璃砂纸：1；0；00 金刚砂布：1；0；00；000；0000 水砂纸：200；240；280；320	打磨金属面上的轻微锈蚀，涂底漆或封闭底漆前的最后一次打磨
中	80 ～ 100	玻璃砂纸：1；$1\frac{1}{2}$ 金刚砂布：1；$1\frac{1}{2}$ 水砂纸：180	清除锈蚀，打磨一般的粗面，墙面涂刷前的打磨
粗	40 ～ 80	玻璃砂纸：$1\frac{1}{2}$；2 金刚砂布：$1\frac{1}{2}$；2	对粗糙面、深痕及有其他缺陷的表面的打磨
最粗	12 ～ 40	玻璃砂纸：3；4 金刚砂布：3；4；5；6	打磨清除磁漆、清漆或堆积的漆膜及严重的锈蚀

注：粒度（目）系指砂粒通过筛子时，筛子单位面积（$1in^2$）的孔数，它表明砂粒的细度。例如，砂粒大小为 120 目时，表明砂粒能通过 $1in^2$ 有 120 个方孔的筛子（$1in^2 \approx 6.45cm^2$）。

（2）圆盘打磨机

圆盘打磨机如图 3-35 所示，以电动机或空气压缩机带动柔性橡胶或合成

图 3-35　圆盘打磨机

材料制成的磨头，在磨头上可固定各种型号的砂纸。

使用方法：先将磨头安装好，上紧螺母。一手握好手柄，一手掌好打磨机。打开开关，端稳，对准打磨面，缓缓接触。打磨时要戴防护眼镜。在打磨时或关上开关磨头未停止转动前，不得放手，以免机器在惯性和离心力作用下抛出伤人。风动打磨机应严格控制其回转速度，平砂轮线速度一般为 38 ～ 50m/s，钢丝轮转速为 1200 ～ 2800r/min，布轮线速度不应超过 35m/s。

（3）环行往复打磨机

图 3-36　环行往复打磨机

环行往复打磨机，如图 3-36 所示，用电或压缩空气带动，由一个矩形柔韧的平底座组成，在底座上可安装各种砂纸。打磨时底座的表面以一定的距离往复循环运动，运动的频率因型号不同而异，一般为 6000 ～ 20000 次 /min。来回推动的速度越快，其加工的表面就越光。环行往复打磨机的重量较轻，长时间使用不致使人感到疲劳。这种打磨机的工作效率虽然低，但容易掌握。经过加工后的表面比用圆盘打磨机加工的表面细。

用途：对木材、金属、塑料或涂漆的表面进行处理和磨光。

（4）皮带打磨机

图 3-37　皮带打磨机

皮带打磨机，如图 3-37 所示，机体上装一整卷的带状砂纸，砂纸保持着平面打磨运动，它的效率比环行往复打磨机高。

用途：打磨大面积的木材表面；打磨金属表面的一般锈蚀物。

（5）打磨块

打磨块如图 3-38 所示，用木块、软木、毡块或橡胶制成，打磨面约 70mm 宽、

100mm 长。

用途：固定砂纸，使砂纸保持平面，便于研磨。

图 3-38　打磨块

4. 擦涂工具

擦涂工具包括涂漆、上色、擦光这些用手工操作完成的工具。常用的工具有涂料擦、纱包、软细布、头发、刨花、磨料等。

(1) 涂料擦

有矩形涂料擦和手套形涂料擦，如图 3-39 所示。

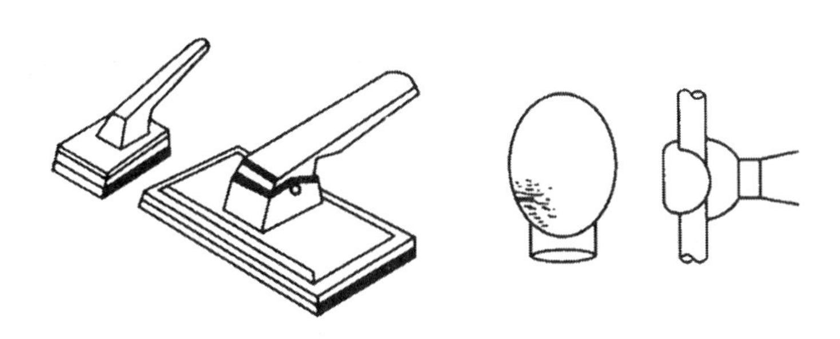

(a) 矩形涂料擦　　(b) 手套形涂料擦

图 3-39　涂料擦

矩形尺寸大的约 150mm×100mm，小的如牙刷大小，是在带手柄的矩形泡沫垫上固定短绒的马海毛、尼龙纤维或泡沫橡胶面。适用于擦涂顶棚、墙面、地板或粘结平坦基层的壁纸及木材面的染色擦涂。

手套形涂料擦，用羊皮制作，内衬防渗透的塑料衬，用于一般的涂饰方法不易涂荷的部位，如铁栏杆、散热器或水管的背面。蘸乳胶漆、底漆和面漆擦涂，左、右手均可使用。

（2）纱包

纱包是用纱布包裹脱脂棉制成的。把纱布叠成3～4层边长为100mm的方形，包上脱脂棉后，用软布条将上口扎紧，使布条下形成一个弹性如肌肉、大小如黄杏、不露脱脂棉、不露布边的小圆包，这个小圆包即称纱包。由于使用纱包经常需要把它打开抖动一下再重新包扎，比较麻烦，所以常用口罩代替纱包。

纱包适用于修饰涂膜，擦涂油漆，使用溶剂把涂膜赶光，以及用砂蜡退光和抛光。

（3）软细布

对于软细布，只要是软的干净不掉色且能蕴含水分就适用。软细布的用途除与纱包类似外，还适用于木器着色和套色擦边。大绒布更适于涂膜的最后抛光。

（4）头发

头发富有弹性，具有油分，又比鬃毛细软，适用于涂膜的最后抛光。手工抛光，要把头发扎成一束，以免头发乱飞。机动轮抛光，可用较短的头发制作刷轮，方便使用。

（5）刨花和塑料丝

手刨刨下的薄木花和车床车下的细塑料丝松软而锋利。把薄木花用水浸泡抻直再干燥，可得较直的刨花；把细塑料丝在加热下抻直再冷却，可得较直的细塑料丝。这两种材料适用于木器涂清漆着色，当木器在着色后未实干之前，将刨花或塑料丝顺着木纹擦，可减少硬木丝上的着色量，使木纹显得更为清晰、美观。

（6）磨料

磨料主要用于油漆涂膜表面，它不仅能使涂膜更加平整光滑、提高装饰效果，还能对涂膜起到一定的保护作用。常用的抛光材料有砂蜡和上光蜡。

砂蜡是专供抛光时使用的辅助材料，是由细度高、硬度小的磨料粉与油脂蜡或胶粘剂混合而成的浅灰色膏状物。

上光蜡是溶解于松节油中的膏状物，有乳白色的汽车蜡和黄褐色的地板蜡两种，主要用于漆膜表面的最后抛光。

抛光材料的组成与用途见表 3-9。

两种抛光材料的组成与用途 表 3-9

名称	组成				用途
	成分	配比（重量）			
		1	2	3	
砂蜡	硬蜡（棕榈蜡）	—	10.0	—	浅灰色的膏状物，主要用于擦平硝基漆、丙烯酸漆、聚氨酯漆等漆膜表面的高低不平处，并可消除发白污染、橘皮及粗粒造成的影响
	液体蜡	—	—	20.0	
	白蜡	10.5	—	—	
	皂片	—	—	2.0	
	硬脂酸锌	9.5	10.0	—	
	铅红	—	—	60.0	
	硅藻土	16.0	16.0	—	
	蓖麻油	—	—	10.0	
	煤油	40.0	40.0	—	
	松节油	24.0	—	—	
	松香水	—	24.0	—	
	水	—	—	8	
上光蜡	硬蜡（棕榈蜡）	3.0	20.0		主要用于漆面的最后抛光，增加漆膜亮度，有防水、防污物作用，延长漆膜的使用寿命
	白蜡	—	5.0		
	合成蜡	—	5.0		
	羊毛脂锰皂液	10%	5.0		
	松节油	10.0	40.0		
	平平加“〇”乳化剂	3.0	—		
	有机硅油	5%	少量		
	松香水	—	25.0		
	水	84	—		

第四章　涂漆前的基层处理

第一节　木制品的基层处理

木材是广泛使用的建筑工程材料之一。涂饰后的木制品，不仅延长了使用寿命，而且可使其表面更加美观。涂料装饰对木制品的基本要求是表面清洁、平滑、无刨绺、疤节少、棱角整齐，采用清漆涂饰时还要求花纹美观、颜色一致。此外，木材本身的干燥程度应符合涂料施工要求。

一般木制品表面都需要通过清理→打磨→漂白三个步骤，详见表 4-1。常见的木材及处理方案见表 4-2。

一般木制品表面最常见的处理方法　　　　**表 4-1**

步骤	方法	举例说明
清理	用铲刀和毛刷清除木材表面粘附的砂浆、灰尘	如粘有沥青，用铲刀铲去后还要点虫胶清漆，防止以后咬透漆膜使油漆变色或不干；对于渗出的树脂，可用有机溶剂酒精、丙酮、甲苯等擦洗，也可用热的电烙铁铲除，并再涂刷一层虫胶清漆封闭其表面，以防树脂再度渗出。除去保护物件所用的护角木条、斜撑等并拔掉钉子
打磨	经过清理后的木材表面要用$1\frac{1}{2}$号木砂纸打磨，使其表面干净、平整	对于木窗框和木窗扇，由于安装时间先后不一，框扇的干净程度不一样，所以还要用 1 号砂纸磨去框上的污斑，使木材尽量恢复原来的颜色。为便于涂刷，各种棱角要打磨平滑。木材表面的刨痕，可用砂纸包木块打磨，如有硬刺、木丝、绒毛等不易打磨时，可待刷完一道底油后再打磨

续表

步骤	方法	举例说明
漂白	有些木材表面有色斑，颜色不均，有些木材边材色浅，心材色深，影响透木纹的清漆涂饰效果，就需进行木材漂白处理	一种方法是用浓度30%的双氧水（过氧化氢）100g，掺入25%浓度的氨水10～20g、水100g稀释的混合液，均匀地涂刷在木材表面，经2～3d后，木材表面就被均匀漂白。这种方法对柚木、水曲柳的漂白效果很好。木材漂白的另一种方法是：配制5%的碳酸钾：碳酸钠＝1∶1的水溶液1L，并加入50g漂白粉，用此溶液涂刷木材表面，待漂白后用肥皂水或稀盐酸溶液清洗被漂白的表面。此法既能漂白又能去脂

常见的木材及处理方案　　表4-2

材料名称	处理方法	材料名称	处理方法
槐木	须刮腻子	山毛榉	适宜涂饰清漆，非透明涂料不适宜
桤木	适宜做染色处理	桦木	清漆和非透明涂料都适宜
白杨木	适宜涂饰非透明涂料	杉木	清漆和非透明涂料都适宜
美国椴木	适宜涂饰非透明涂料	樱桃木	适宜涂饰透明涂料
栗木	须刮腻子，不适宜涂饰非透明涂料	榆木	须刮腻子，不适宜涂刷非透明涂料
三角叶杨木	适宜涂饰非透明涂料	冷杉木	不适宜涂饰非透明涂层
柏木	适宜涂刷透明及非透明涂料	枫木	适宜涂饰透明涂层
铁杉	特别适宜涂饰非透明涂料	松木	适宜涂饰非透明涂层
胡桃木	须刮腻子	柚木	须刮腻子
桃花心木	须刮腻子	核桃木	须刮腻子
橡木	须刮腻子	红杉木	适宜涂饰非透明涂层

第二节　金属面的基层处理

1. 钢铁基层的表面处理

钢铁基层的表面处理，详见表4-3。

钢铁基层的表面处理　　表 4-3

方法	特点	适用范围
机械和手工清理	效率低，但设备简单、不受施工条件和工件形状的限制。常用于批量小、形状不规则的金属制品表面除锈和作为其他除锈方法的补充	主要用于铸件、锻件、钢铁表面清除浮锈，以及易剥落的氧化皮、型砂、旧漆层
喷丸、喷砂	该法用于除去锻皮、铸皮，可提高金属表面的抗疲劳强度。小工件用喷丸，大面积工件用抛丸。薄壁及较脆弱的工件不宜采用	适合于清除厚度不小于 1mm 的制件或不要求保持精确尺寸及轮廓的中、大型制品以及铸、锻件上的氧化皮、铁锈、型砂、旧漆膜，当使用环境十分恶劣、对基层处理要求严格时采用，如受水浸泡的部位、海洋环境、工业污染区等
火焰喷射	用火炬加热金属表面使氧化质失水干燥、变松散易于清除	适用在具有一定侵蚀性的环境中，主要用于厚度不小于 5mm 的大面积设施，如桥梁结构，贮槽及重型设备，去除氧化皮、铁锈、旧漆层、油脂等污物
碱液除油	对于尺寸大、形状复杂的工件，可配碱液刷、擦去油	这种浸渍除油法适合于有一定数量的中小型工件，并有浸渍槽、加热设备
溶剂除油	除油能力强，不易着火，比较安全，缺点是成本高、有毒	—
涂刷底漆	在除油、除锈等表层清理完成后，特别是用火焰清除的情况下，应立即涂刷底漆	—

2. 有色金属基层表面处理

有色金属在建筑工程中运用的有铜、铝、锌、铬及其合金和镀层。

处理的目的是去除油脂、脏物、残留焊渣、不均匀的氧化膜，或过于光滑的表面。

（1）铝及铝合金

用细砂布加松节油轻轻打磨表面，再用浸有松节油或松香水的抹布擦去油脂和污渍，然后用清水彻底漂洗，干燥后涂刷底漆。不得用碱性洗涤剂清洗表面，否则会使表面受到侵蚀。

(2) 镀锌面

先刷洗表面的非油性污渍，然后用含非离子型清洗剂的清水漂洗。用离子型清洗剂和皂类清洗后的遗留物会影响涂层的粘附。再用松香水或松节油等溶剂擦涂表面的油脂。

用钢丝刷或砂布除锈。当使用环境恶劣或需要长期保护时，表面可采用轻微的喷砂处理。

(3) 铜及铜合金

先用松香水或松节油去除油污，再用细砂纸磨糙或涂一层磷化底漆。注意打磨后要用松香水擦净表面的铜粉，以免酸性干性油或清漆料会溶解铜粉，造成污染。

第三节　其他物体表面的基层处理

1. 水泥基层的处理方法

外墙涂料一般直接涂装在水泥基层上，主要是为了增加涂料与基层的粘结强度。外墙涂装建筑涂料时，水泥抹灰层要抹光，待抹灰层表面稍微干燥一些后，用毛刷蘸水刷毛。墙面上的孔洞要修补平整，当孔洞过大时，要分次修补，以防止由于干缩而影响墙面的平整。

2. 石灰基层的处理方法

1）泛碱物的处理：用正磷酸溶液（密度 1.7kg/L，将 150mL 酸液加水至 1L）

刷洗表面并搁置10min，然后用清水冲洗、干燥。对清除质量有怀疑时，可涂刷小面积做试验，涂料干后贴上压敏胶带，然后撕下，检查是否有涂料被带下来。

2）裂缝的修补：裂缝宽度在3mm左右时，可直接修补，不必将裂缝加宽。当裂缝宽度在6mm以上或孔洞直径在25mm以上时，修补前应先将裂缝切成倒“V”字形，以利修补材料的黏附。修补前先用水将裂缝润湿，然后用水泥：砂：石灰＝1.5：7：0.1的砂浆修补裂缝（小缝可直接用石膏修补）。修补面要低于表面1mm，砂浆干后再用半水石膏将表面修补平整。

3）玻璃纤维和加气石膏基层：要注意对表面残留的隔离剂、孔隙及其他碱性物质的处理，表面不易被水润湿，说明有油性隔离剂，它有助于霉菌的生长，可用松香水擦除。碱性物质可用石蕊试纸检查，用磷酸处理。

3. 砖石灰基层的处理方法

1）确定基层所含水分已干燥。

2）用硬毛刷或钢丝刷刷除表面的灰浆、泛碱物及其他松散物质；对油脂等不易刷除物，应用含洗涤剂的温水刷洗，然后再用清水漂洗。

3）表面光泽过高时，须打磨将其变糙，并将孔洞裂缝修补好，涂刷耐碱底漆，要刷透、刷匀，不产生遗漏，特别是砖缝处。

4. 混凝土基层的处理方法

1）混凝土表面气孔及缝隙的处理：混凝土表面的气孔宜挑破并填平，否则空气会拱破跑出，毁坏涂层。手工和机械打磨对消除气孔比较费工，且效果也不理想，一般须采用喷砂处理。混凝土表面的孔隙及挑破的气孔要填平，室外和潮湿环境要用水泥或有机粘结剂的腻子填充，室内干燥环境可使用普通的石膏或聚合物腻子。对粉化或多孔隙表面，为黏附住松散物质和封闭住表面，可先涂刷一层耐碱的渗透性底漆，如稀释的乳胶漆。为减少收缩沉陷，腻子中体质颜料的比例可稍大于粘结剂。

2）清除表面油污（模板隔离剂等）及其他脏物：可用洗涤剂擦洗基层，或用溶剂清洗一遍再用洗涤剂擦洗，或用质量分数为 5% ～ 10% 的火碱水清洗，然后用清水洗净。

3）清除水泥浮浆、泛碱物及其他松散物质：可用钢丝刷刷除或用毛刷清除，对泛碱、析盐的基层可用 3% 的草酸溶液清洗，然后用清水洗净。对泛碱严重或水泥浮浆多的部位可用质量分数为 5% ～ 10% 的盐酸溶液刷洗，但酸液在表面存留的时间不宜超过 5min，必须用清水彻底清洗。泛碱和析盐清洗后应注意观察数日，如再出现析盐和泛碱，应重复进行清洗，并推迟涂刷涂料，直至泛碱物消失为止。

4）消除表面光滑的方法：混凝土或水泥砂浆表面过于光滑，不利于涂料的渗透和附着，须进行消除。消除的方法可用酸蚀、喷砂、钢丝刷刷毛或自然风化，或在表面涂一层 3% 氯化锌和 2% 磷酸的混合液，或涂一层 4% 聚乙烯醇溶液，或 20% 的乳液均可增加基层和涂层的附着力。

5）其他情况处理：当施工条件不允许基层长时间搁置、风化时，可用磷酸和氯化锌组成的溶液刷洗中和。当使用油基涂料时，也可用硫酸锌溶液刷洗。如果有的涂料与这些刷洗液不相容，可选用乳胶涂料。对须提高防雨水渗透性的部位或多孔隙型基层，可用有机硅憎水剂进行表面处理。

5. 石棉水泥板基层的处理方法

石棉水泥底材的吸收性依其质量和产品类型变化很大，高质量的坚硬、吸收性差，防火型的孔隙多、吸收性强，这类基层大都是强碱性的，由于是高压形成的，质地坚硬，碳化或中和比石灰和水泥砂浆面要慢，但其处理程序比混凝土、水泥基层要简单、省力，只要表面干燥、平整、光滑、洁净即可涂刷。

1）用硬毛刷或砂纸除去表面泛碱物或松散物质。

2）确认底材彻底干燥后即可涂刷耐碱底漆和油性涂料底漆。

3）如有潮湿入侵的可能，安装前要在板材背面及边缘涂刷防潮涂料。如使用沥青涂料应注意避免玷污正面。渗透性强的稀薄涂料亦要慎重使用，以防渗透到正面。

4）石棉水泥板板缝要用腻子，分 2 ～ 3 遍填实填平，并待完全干燥固化后用粗砂纸磨平，然后涂刷耐碱底漆或油性涂料底漆。

6. 塑料基层的处理方法

1）塑料制品在涂装前必须清除制造过程中附有的塑模润滑剂、灰尘污物以及带有的静电，一般可在涂装前用煤油或肥皂水进行清洗。

2）塑料制品表面光滑，对漆的附着力极不牢固，有必要进行一定的处理，使其表面粗糙，以增加漆膜的附着力。坚硬光滑的热固型塑料可用喷砂处理，或用砂纸打磨。软质与硬质聚氯乙烯塑料的处理方法一般可在三氯乙烯溶剂中浸渍数秒钟，去除塑料表面游离的增塑剂，然后取出轻擦，干燥后能使其表面有一定的粗糙度。某些耐有机溶剂较差的热塑性塑料可用肥皂水、清洗剂、去污粉等进行摩擦处理。对聚乙烯、聚丙烯等塑料还可以采用强氧化剂对塑料表面进行轻微的腐蚀，以获得表面的粗糙度。

3）为了增强塑料对漆膜的附着力，对某些塑料在施工前，可先喷上一种含有强溶解性的溶剂（如丙酮、醋酸丁酯的水乳蚀液）来软化表面，在溶剂未完全挥发之前将漆涂饰好。

7. 纤维材料基层的处理方法

1）皮革、织物、纸张等都是具有纤维结构的材料。纤维材料的涂装用途很广，在电气工业中可用于浸渍漆包线、电机绕组和导线，在轻工业部门可用于皮革、漆布和纸张的涂染等。

2）涂装前的皮革应具有良好的渗透性，表面要粗糙而无光泽。为了使皮革的油脂、污物彻底除净以使毛孔充分暴露，可用水和丙酮的混合液或其他亲水溶剂进行脱脂。该脱脂剂的配方为：200mL 醋酸乙酯与醋酸甲酯，50mL

的氨水，250mL 丙酮，50mL 乳酸与 1000mL 水，将其组成混合液。利用这种混合液擦拭皮革，就可以达到皮革脱脂、增加漆膜附着力的效果。必须注意的是，从擦拭完毕算起，要在 30 ～ 60min 内做好涂料打底，不然会影响涂装质量。

3）纤维材料具有多孔性的特点，在这些材料上涂漆、漆膜的附着力是由浸透的深度来决定的，即很大程度上取决于纤维材料对涂料的浸透性和纤维的拉力。如果涂装前对表面处理不好，漆膜就很容易从表面脱落。

8. 玻璃基层的处理方法

1）玻璃制品表面特别光滑，如果不彻底处理，则涂装涂料后，会造成附着力差，甚至有流痕、剥落等现象，因此，玻璃制品在涂装施工前，需进行必要的表面处理。

2）玻璃的基层处理包括两个方面。首先是进行清除粉尘、油污、汗迹及水分等的预备处理，可用丙酮或清洗剂等有机溶剂进行洗涤处理。清理后一定要用清水进行冲洗。其次，是要使玻璃制品表面具有一定的粗糙度，使漆膜牢固地附着于玻璃表面，一般可采用手工方法或化学方法进行处理。手工方法是用棉球蘸研磨剂在玻璃表面上反复、均匀地涂拭。化学方法是用 40% 的氢氟酸与水 2 ∶ 8（体积比）混合，将玻璃制品在常温下浸蚀 5min，然后用大量的水清洗后，即可进行涂饰。

第四节 旧漆层的处理

1. 刷洗法

主要用于胶质涂料涂层。用水刷洗涂层后，涂刷耐酸底漆或用封闭涂料封闭处理残存涂料。

2. 烧除法

是清除旧涂层的最快方法，主要用于木质基层上的油漆涂层。但一定要注意安全。

3. 脱漆剂清除

软化涂层后用铲刀清除，用于不宜烧除的部位。

（1）溶剂型

1）极易烧型，如丙酮，加蜡可降低蒸发速度，并变稠。

2）非易燃烧型，如氯化碳氢化合物，加甲基纤维素，可降低蒸发速度并变稠。

3）不易损伤基层，易损伤油刷，可除掉大多数空气干燥性的涂层。

（2）强碱型

成本低,不易燃,用浸泡方法,特别有效。但是对油色金属有害,特别是铝。

4. 机械打磨

多数涂层都可用打磨器清除。操作时为了防止伤害，应该佩戴呼吸罩。

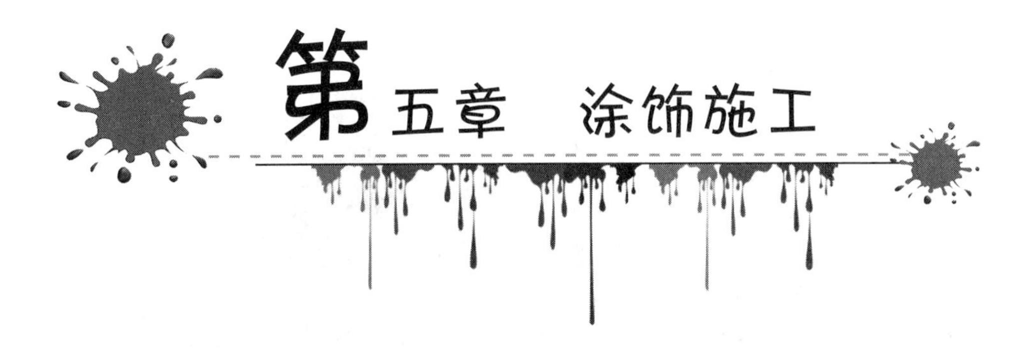

第五章　涂饰施工

第一节　内墙面及顶棚涂饰

操作步骤：墙面的防开裂处理→涂抹界面剂→找阴阳角垂直度→找石膏线→批腻子→砂纸打磨→涂抹底漆→涂抹面漆（两遍）。

内墙面及顶棚涂饰工艺，见表 5-1。

内墙面及顶棚涂饰工艺　　表 5-1

步骤	图示及说明
墙面的防开裂处理	为了防止墙面开槽接缝等处开裂，常在接缝处粘贴一层 50mm 宽的网格绷带或牛皮纸袋，需要时也可贴两层，第二层的宽度为 100mm。 粘贴操作方法：事先在基层面接处，用旧短毛油漆刷，涂刷纯白胶乳液。 将纸袋粘贴后，用贴板刮平、刮实。

续表

<table>
<tr><th>步骤</th><th>图示及说明</th></tr>
<tr><td>墙面的防开裂处理</td><td>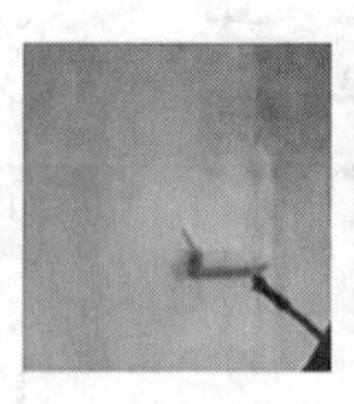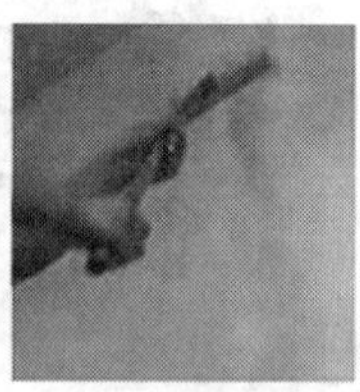
另外，如遇轻体墙为保温墙基层缝多等情况，要做全面的防开裂处理，具体方法是：先在墙面滚刷乳胶液，乳胶液要刷得均匀，不能漏刷。
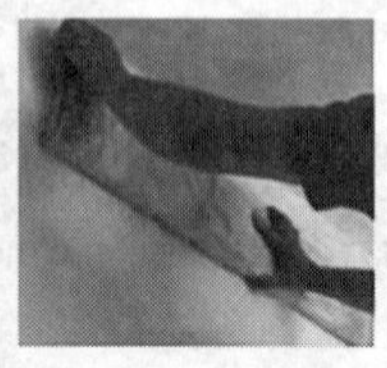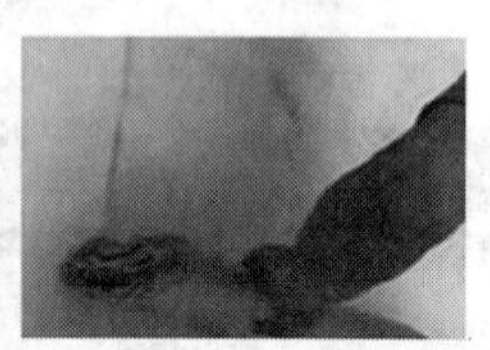
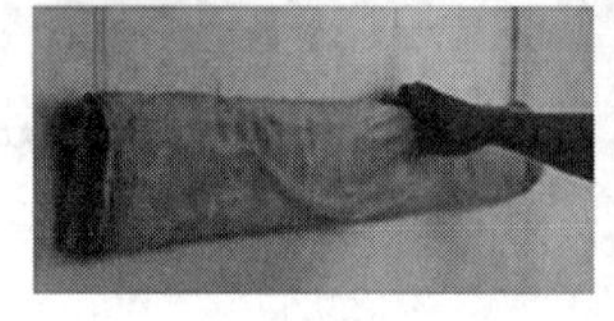
然后将浸湿的的确良布上墙粘贴。
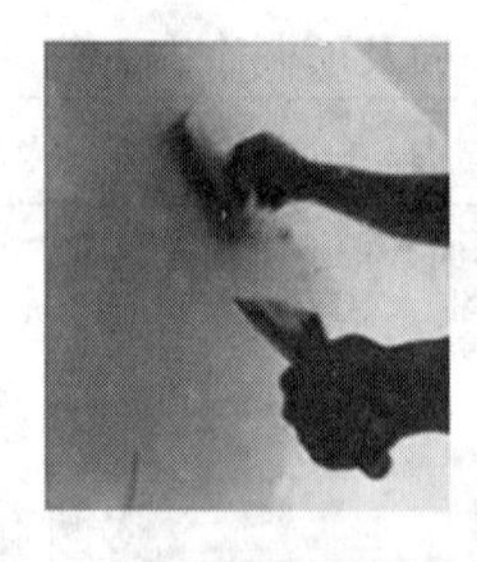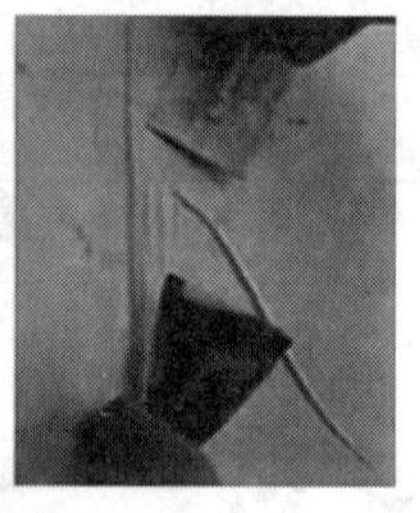
用刮板刮出多余的胶液，使布粘贴平整，稳固。
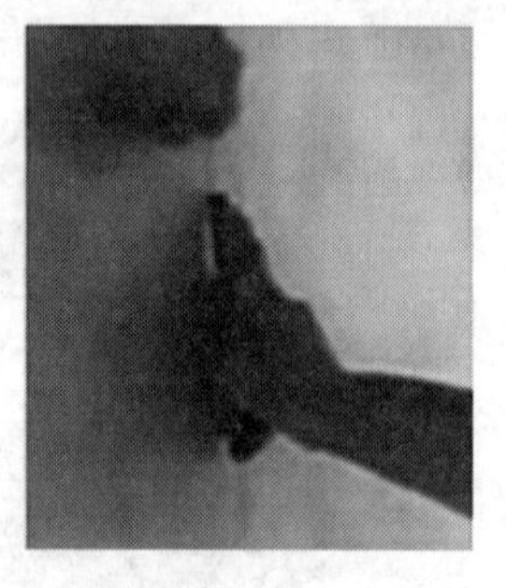
耷接头要裁下，以免影响平整度。</td></tr>
</table>

续表

步骤	图示及说明
涂抹界面剂	 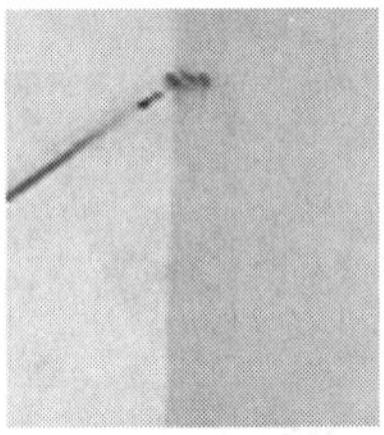 在嵌批腻子前，为了提高墙面的附着力，要涂抹界面剂。涂抹时应用滚筒从下往上滚刷，涂抹一遍即可，但要仔细，不能漏刷。
找阴阳角垂直度	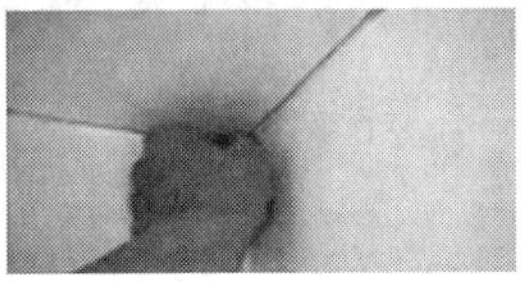 阴角弹线 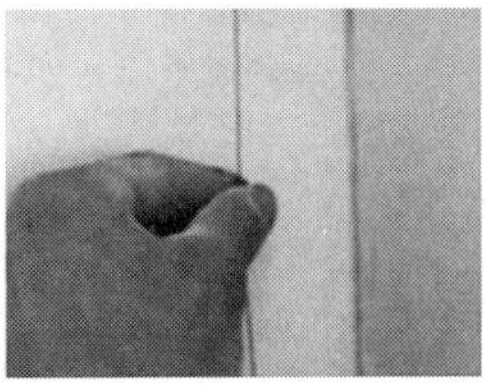 一般情况下，墙角都不是很垂直，我们需要用弹线的方法，检验它的垂直度。具体方法是，在两墙角间拉线，并将墨线弹到墙上。   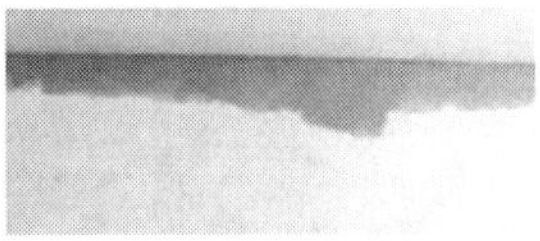 然后以这条线为基准，用石膏原线进行修补。  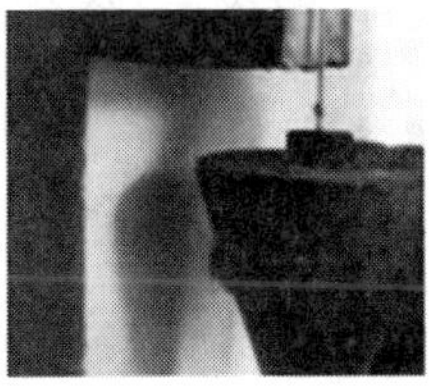   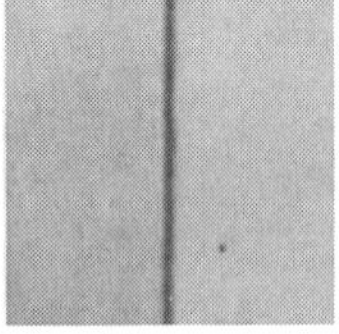 阳角垂直的处理方法是，用靠尺一边与阳角对齐，再用线坠将阳角调整垂直，这样就可以检测出阳角的缺陷。然后就可以修补了。

续表

步骤	图示及说明
找石膏线	1）首先根据石膏线的宽度，进行弹线、定位。   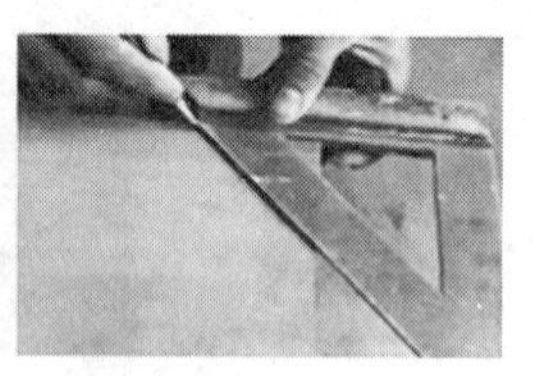 量一下石膏线的宽度　用一块直角的板材代表墙角　用45°角尺斜边代表石膏线 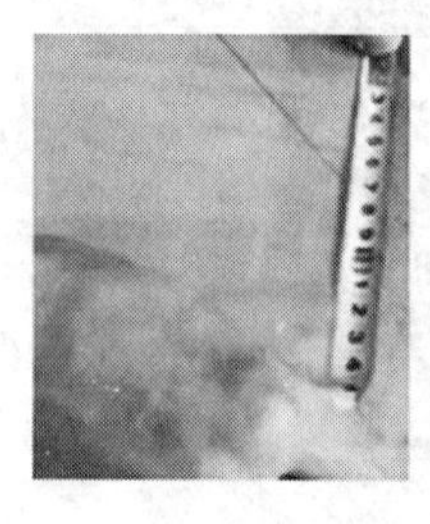 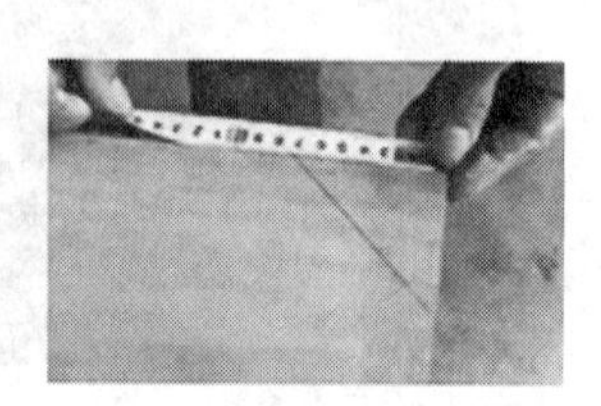 移动角尺到斜边与石膏线的宽度相同，然后就可量出弹线尺寸。 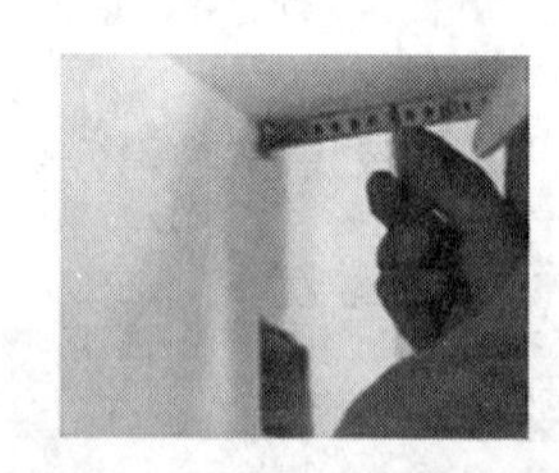 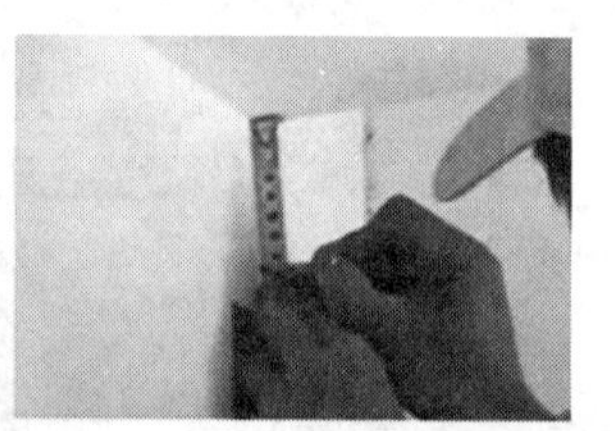   根据量出的弹线尺寸，弹好定位线。 2）接下来开始下料。 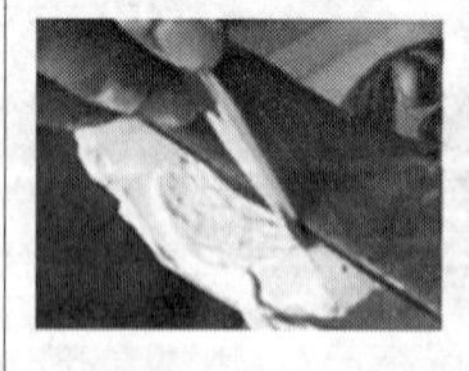 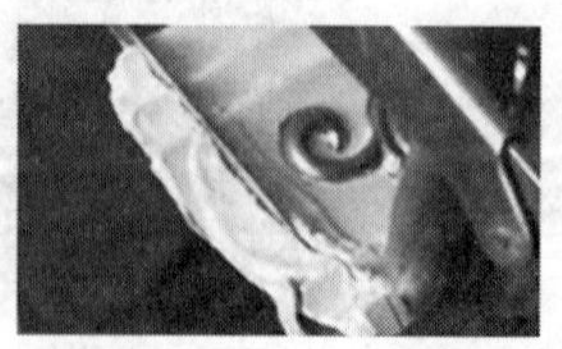  一般石膏线的端头都不太规矩，要适当地裁掉一些。

续表

步骤	图示及说明
找石膏线	   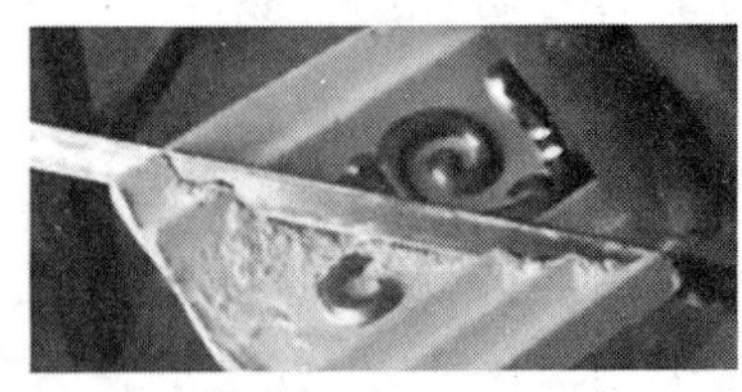 石膏线在拐角处需要碰角 注意：它并不是以45°角进行剪裁碰角，应先确定端点位置，再在一边量出刚刚我们的弹线尺寸，然后裁下就可以了。 3）贴石膏线。 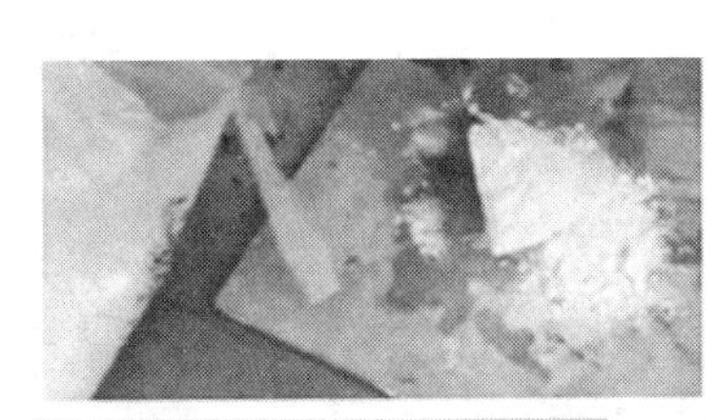  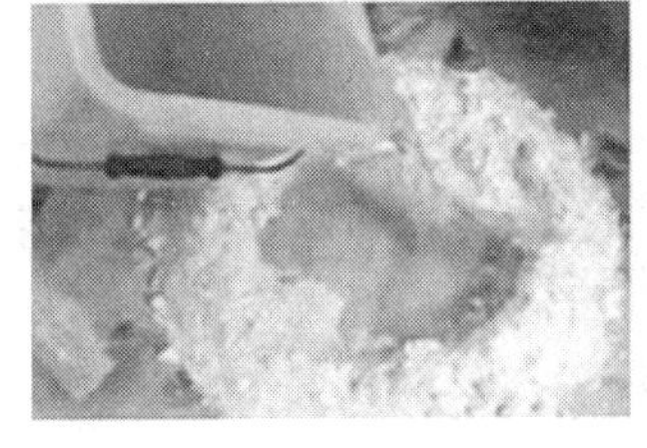  贴石膏线需要用快粘粉，它粘结的速度比较快，所以要一次用多少就和多少，以免浪费。 拌好快粘粉后，将快粘粉沿石膏线边缘涂抹，动作要快一些。 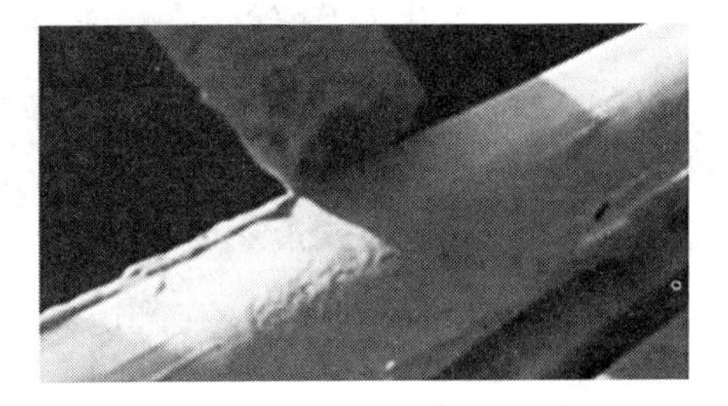

续表

<table>
<tr><th>步骤</th><th>图示及说明</th></tr>
<tr><td>找石膏线</td><td>  
涂抹完后即可沿并内线进行粘贴（注意：并位后一定要按压 2 ～ 3min）。

在初步固定后，快速将多余的快粘粉清理干净。
如与石膏线连接时，要留有 3 ～ 5mm 的缝隙，并用快粘粉嵌缝、粘结。
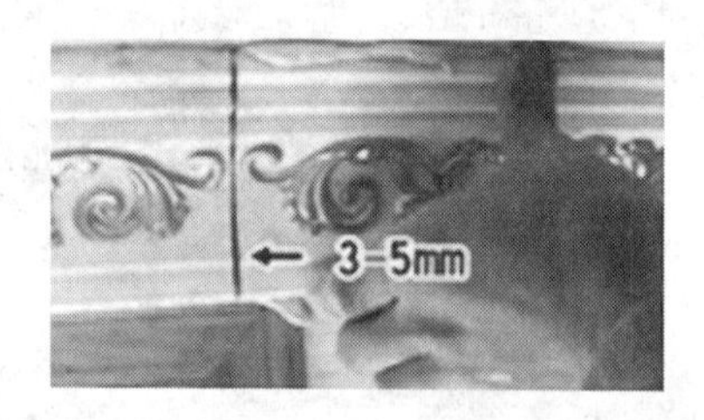
</td></tr>
<tr><td>批腻子</td><td>1）嵌补腻子

用立式搅拌机进行搅拌（注：嵌补腻子应调得硬一些）。

每次嵌补腻子的厚度不宜超过 5mm，当一次嵌不平时，可分几次嵌，但必须要等前道腻子干后，才能嵌补后道腻子。嵌补腻子时，四周要收刮干净。</td></tr>
</table>

续表

<table>
<tr><th>步骤</th><th>图示及说明</th></tr>
<tr><td>批腻子</td><td>
2）批刮腻子
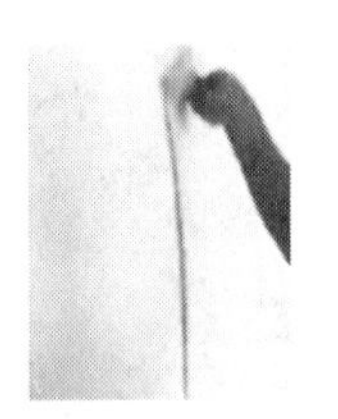
嵌补完毕，待腻子干燥后，可以满批腻子，一般是上下齐刮，批刮来回次数一般各一次即可，不宜太多。
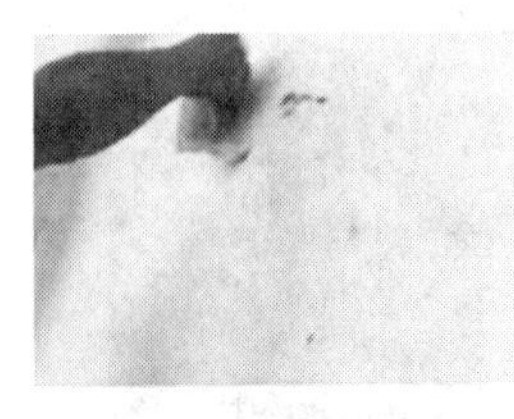
刮板要拿得侧转一点，否则腻子受不到应有的压力，另外刮板还要拿得斜转一点，使腻子从一边挤进去，以防腻子收刮不干净。

略高处可批薄些，也可将腻子全部刮去。
要求刮得平整，四角方正，横平竖直，阴阳线角竖直，与其他物面连接处整齐、清洁。应注意墙面的高低平整和阴阳角的整齐，略低处应刮厚些，但每次的厚度不超过 2mm，一次批不平，可分多次批。
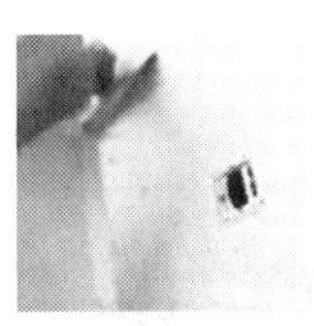
满批阳角时，腻子要向里面刮，把腻子收得四角方正、挺直、横线整齐。
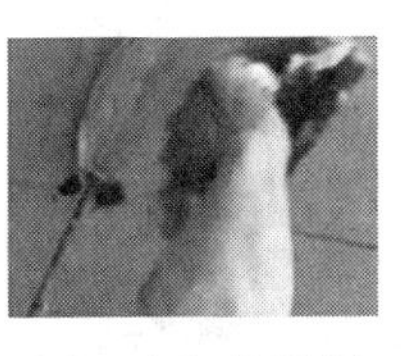
孔洞眼和缝隙腻子，一定要压得结实。
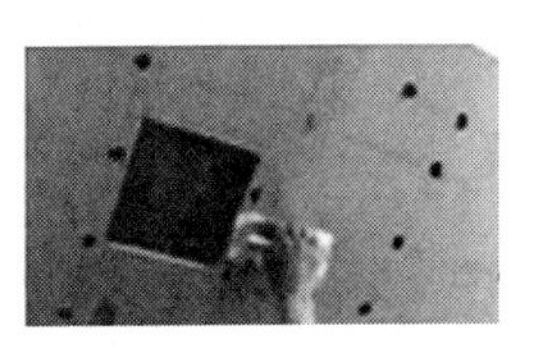
嵌的饱满，不宜高出基层表面。
腻子一般是满批两遍，不宜多批，否则会影响腻子的附着力。

待第一遍腻子干透后，将砂纸固定在打磨架上，可用 1 号木砂纸或铁砂布进行打磨。
</td></tr>
</table>

续表

步骤	图示及说明
批腻子	打磨要直磨，手势要轻，否则墙面易磨伤。 把高和较粗糙的地方打磨平整，打磨最后一道腻子时，必须要细致，最好用半新旧的 1 号木砂纸或铁砂布。 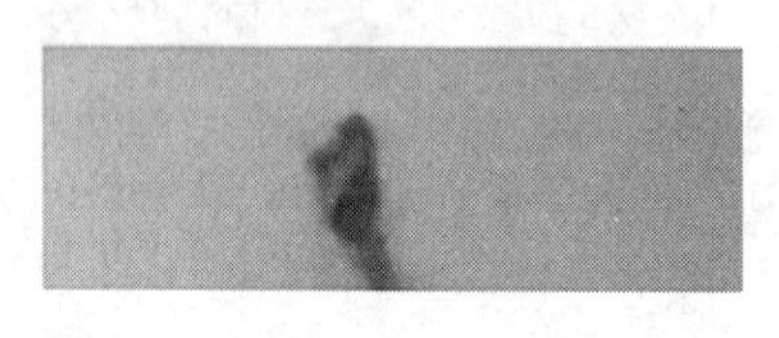 打磨完要将墙面弹扫干净。
涂抹底漆 	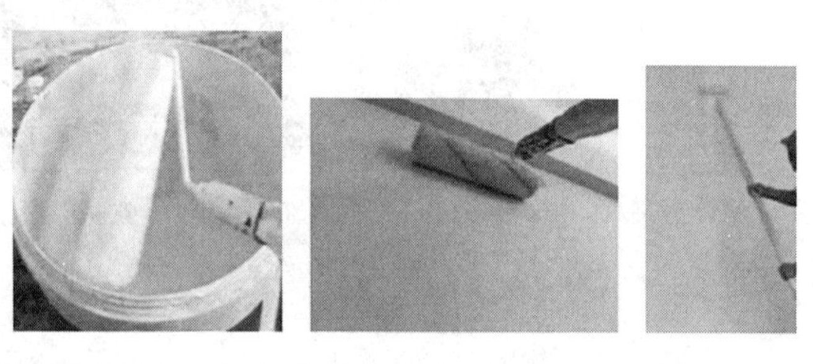 底漆要刷得均匀，滚刷要拉直，不能左右摇摆呈波浪形，更不能斜理或横理（搭接头不小于 150mm 为宜，否则会留下搭接头疤）。 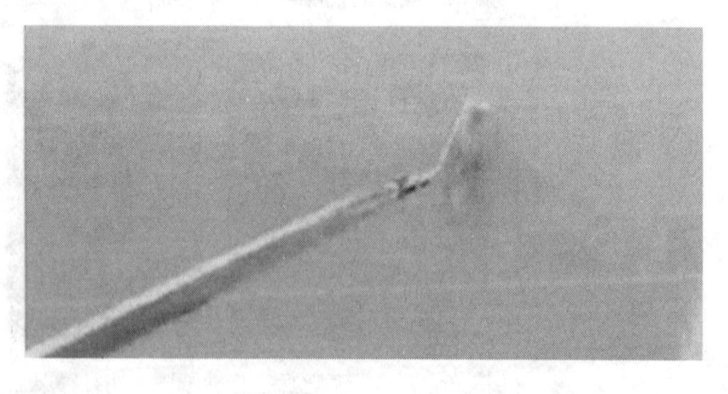 底漆不能刷得太厚，尤其是阴阳角，否则会产生流坠现象（在施涂过程中，做到清洁完整）。

续表

<table>
<tr><th>步骤</th><th>图示及说明</th></tr>
<tr><td>涂抹底漆</td><td>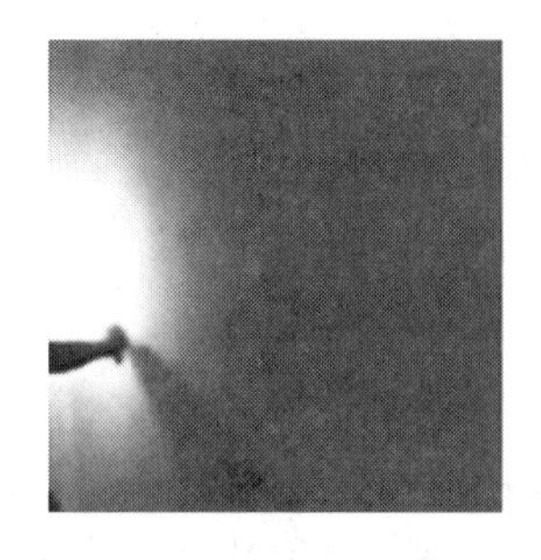 
在底漆干燥后，应对墙面进行最后一次细致的检查。遗留下来的一些不足之处，需及时进行修补、处理。待补嵌的腻子干后，用0号旧砂纸打磨，只要轻轻地磨一下就可以了，但要全部磨到，不能漏磨。
然后用湿抹布擦拭，或用鸡毛掸将灰尘掸净。
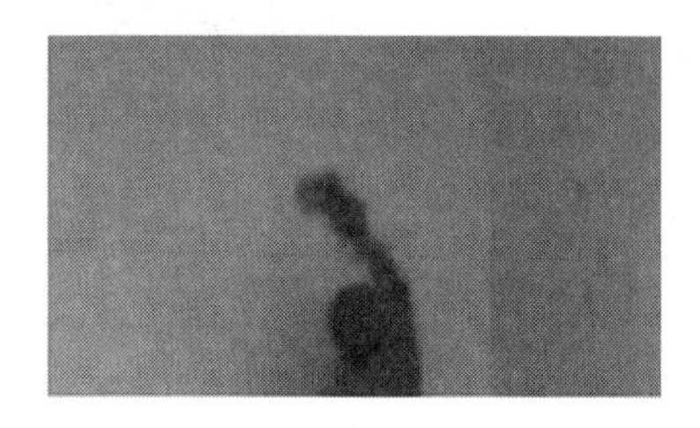
注：如不施涂这遍打底漆，而直接把面漆做上去，就难以将面漆施涂均匀，同时还可以节省材料（底漆稀稠要一致，施涂时，不能漏刷）。</td></tr>
<tr><td>涂抹面漆（两遍）</td><td>地面应该干净，然后才能施涂面漆。
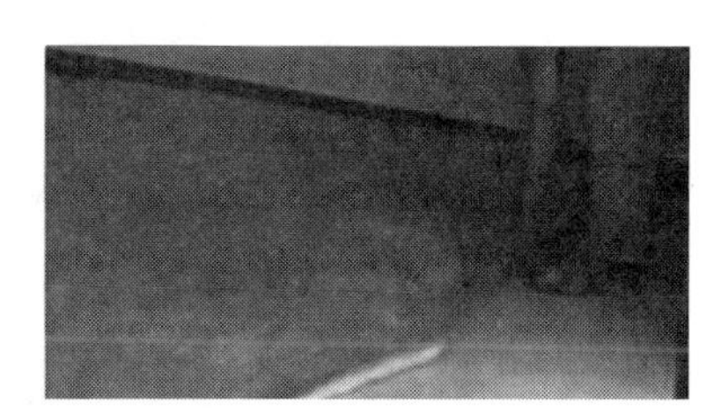
 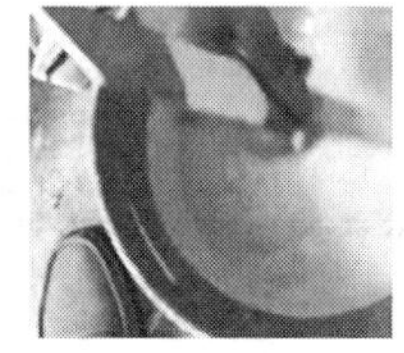  
滚刷面层涂料，在墙面上滚涂，应注意防止涂料滴落，滚筒蘸取涂料做到少蘸、轻滚。</td></tr>
</table>

续表

步骤	图示及说明
涂抹面漆（两遍）	滚涂的方法应本着先顶头后墙面，自上而下的特点进行施工，顶棚应沿着房间的宽度滚涂，墙面应顺着房间的高度滚涂。墙面或顶棚过高时，可使用加长手柄。墙面滚涂，滚筒要从下往上再从上往下呈M形滚动。搭接头不小于100mm为宜，避免留下搭接头疤。当滚筒已经比较干燥时，再将刚涂滚过的表面轻轻理下，以达到涂层薄厚一致的效果。 边角处、门窗樘风边、分色线处及电器设备周围，同样应采用100mm的小滚刷进行滚涂。

顶棚的滚涂方法与墙面的滚涂方法基本一致，面层涂料施涂两遍为宜。每遍不能施涂得太厚或太薄，厚了会产生流淌和皱皮，薄了会露底。在施涂过程中，做到清洁、完整。

第二节 木材面涂饰

1. 木器刷漆工艺

操作步骤：基层处理→嵌批腻子→打磨→补腻子→打磨→施涂硝基清漆底漆两遍及打磨→施涂硝基清漆两遍及打磨→揩涂硝基清漆并理平见光。

木器刷漆工艺，见表 5-2。

木器刷漆工艺　　表 5-2

步骤	图示及说明
工具准备	灰刀、羊毛刷、毛笔、油刷、方抹子、砂架、木砂纸、水砂纸。 
基层处理	木材进场后，首先要将木材表面的黏着物清理干净，然后用淡的硝基漆刷在木材表面上。这样做一方面可以防止加工过程中，表面被污染后难以清除；另一方面，清漆干燥后，使木毛绒竖起，变脆，以易于打磨。 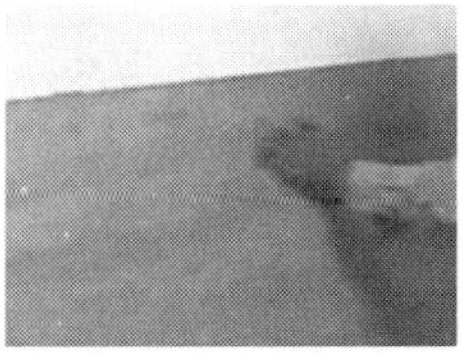 
嵌批腻子	嵌批腻子目的是将被涂饰基层表面的局部缺陷和较大的洞眼、裂缝、坑凹不平处填平、填实，达到平整、光滑的要求。操作时，手腕要灵活。嵌补时要用力将工具上的腻子压进缺陷内，要填满、填实。也不可一次填得太厚，要分层嵌补。 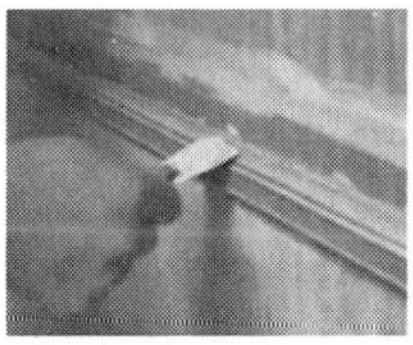 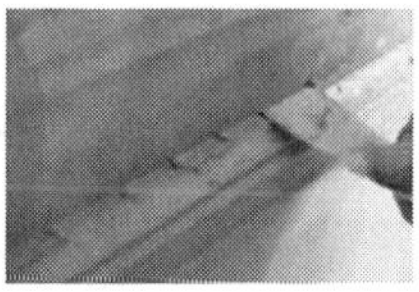 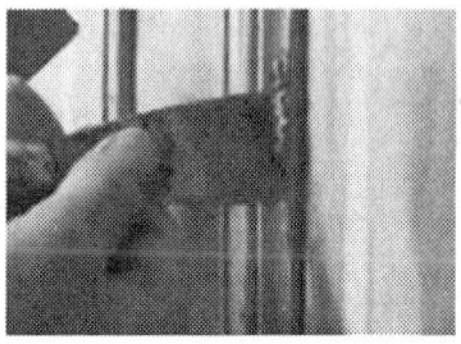
打磨	分层嵌补时，必须在上道腻子充分干燥并经打磨后，再进行下道腻子的嵌补（一般以 2 ～ 3 道为宜）。 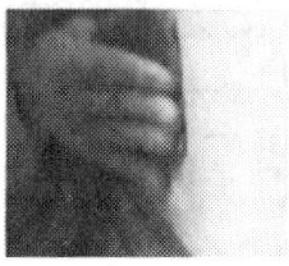 

续表

<table>
<tr><th>步骤</th><th>图示及说明</th></tr>
<tr><td>补腻子</td><td>为防止腻子塌陷，复嵌的腻子应比物面略高一些，腻子也可稍硬一些。

嵌补腻子时，应先用嵌刀将腻子填入缺陷处，再用嵌刀顺木纹方向先压后刮，来回刮1～2次。填补范围应尽量局限在缺陷处，并将四周的腻子收刮干净，以减少变污、减少刮痕。

嵌补时，要将整个涂饰表面的大小缺陷都填到、填严，不得遗漏，边角不明显处，要格外仔细，将棱角补齐。</td></tr>
</table>

续表

步骤	图示及说明
补腻子	满批腻子的目的是填补木材的松眼，腻子的稀稠可根据木材表面的光滑程度调制。  满批腻子 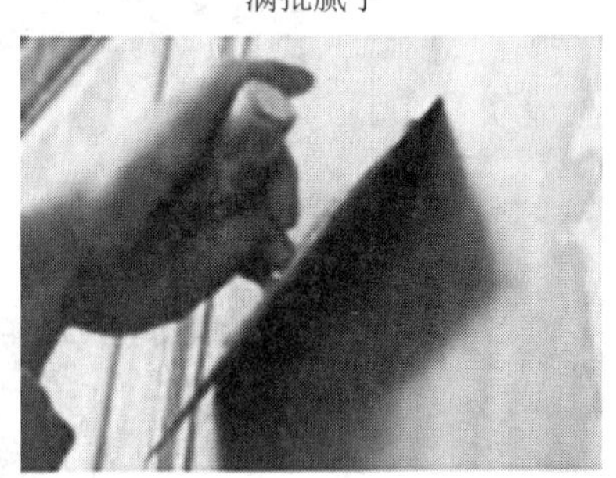
打磨	打磨时，将砂纸布的$\frac{1}{2}$或$\frac{1}{4}$张对折或单折。可用大拇指、小拇指和其他三个手指夹住，不能只用一两个手指架着砂纸打磨，以免影响打磨的平整度。 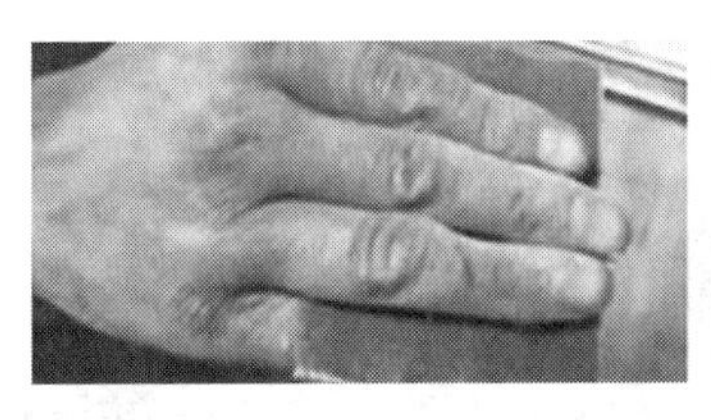 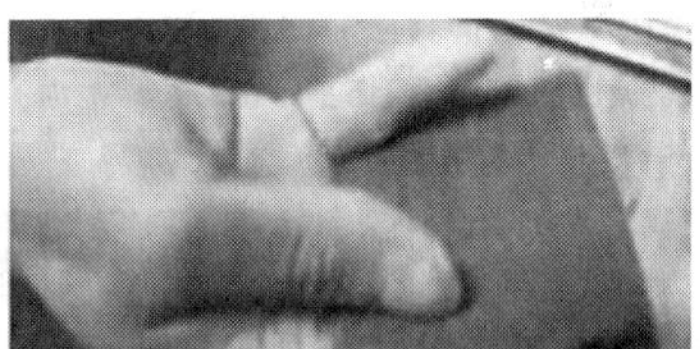 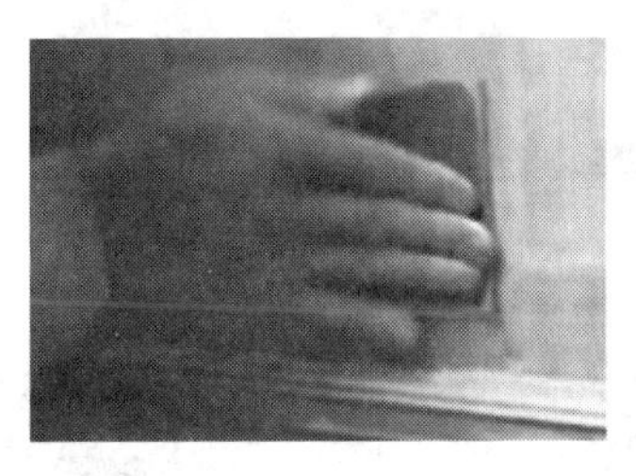 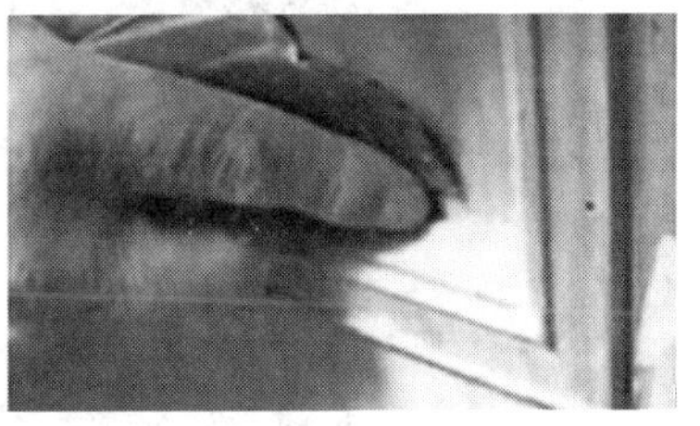 要轻磨慢磨，线脚分明，不能把棱角磨圆，要该平的平、该方的方。打磨一段时间后应停下来，将砂纸在硬处磕几下，除去堆积在磨料里的灰积。打磨完毕后要用除尘布将表面的粉尘擦去，除去表面多余、打磨平整，磨完后手感要光滑、圆润。 注：打磨必须在基层或涂膜干后操作，以免磨料钻进基层或涂膜内，达不到打磨的效果。

续表

<table>
<tr><th>步骤</th><th>图示及说明</th></tr>
<tr><td>施涂硝基清漆底漆两遍及打磨</td><td> 
 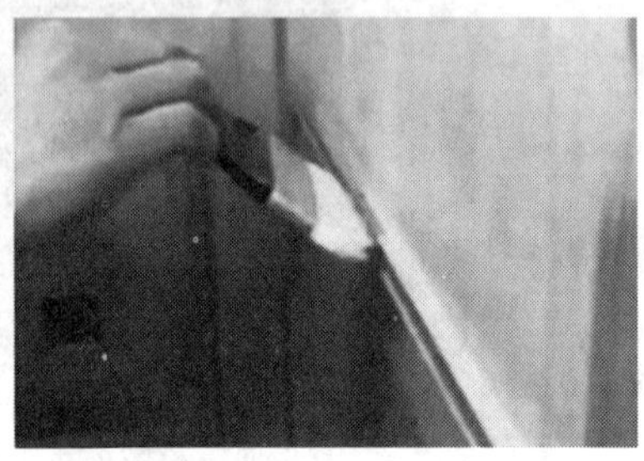
施涂硝基清漆的动作要快，刷子蘸漆不宜过多，并要顺木纹一来一去刷匀。做到不漏刷、无流挂（底漆一般要刷 2 ～ 3 遍）。
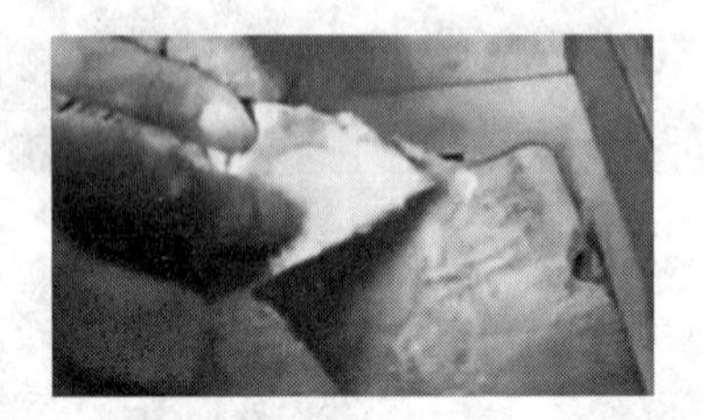 
补腻子

在第一遍清漆施涂干后，要检查是否有砂眼及洞缝，如果有则用腻子复补，复补腻子时应注意，不能超过缝眼，干后用 0 号砂纸打磨，弹扫干净。</td></tr>
</table>

续表

步骤	图示及说明
施涂硝基清漆两遍及打磨	用羊毛刷蘸漆后，依次施涂，同时还要掌握漆的稠度。因为稠度大则刷劲力大，容易揭底层。由于稀释剂挥发快，施涂时操作要迅速，并做到施涂均匀，无漏刷、流挂、过棱等缺陷，也不能刷出高低不平的波浪形(面漆一般要刷2～3遍）。 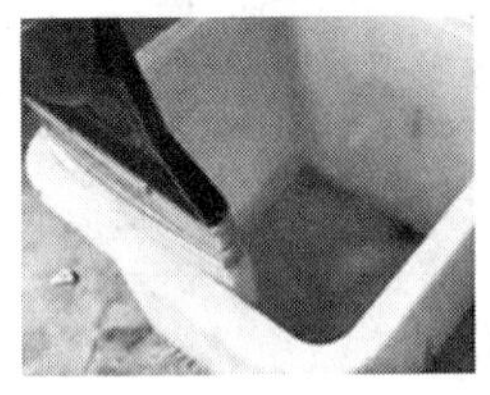   注：施涂时要注意硝基清漆和漆料的渗透力很强，在一个地方多次重复回刷，容易把底层涂膜泡软而揭起，所以施涂时要待下层硝基清漆干透后进行。 打磨  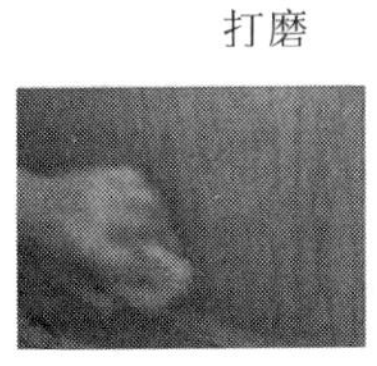  每遍硝基清漆施涂的干燥时间，常温时 30 ～ 60min 能全部干燥。第一遍面漆干燥后，要用 320 目水砂纸进行打磨；第二次面漆干透后，要用 400 ～ 500 目水砂纸打磨，磨去涂膜表面的细小尘粒和排立毛等。 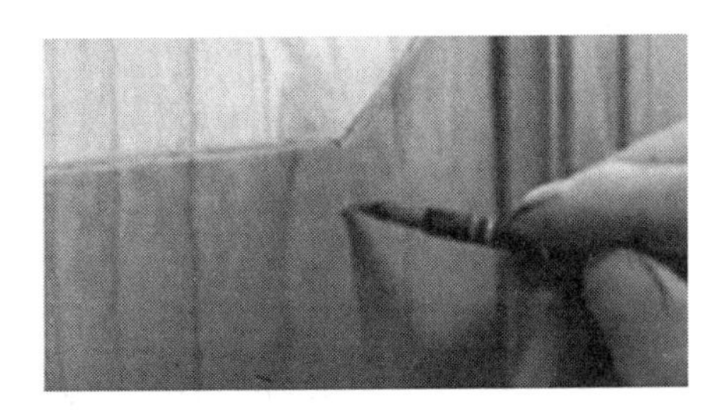  在修补过的部位会产生一定的色差，所以要对局部进行修色校正，达到表面色彩自然、统一。

续表

步骤	图示及说明
揩涂硝基清漆并理平见光	刷涂第三遍面漆时，要比第一遍稀一些，顺木纹方向理顺至理平见光。

2. 木器喷漆工艺

喷漆施工的优点是：涂膜光滑平整，厚薄均匀一致，装饰性极好，在质量上是任何施涂方法都不能比拟的，适用于不同的基层和各种形状的物面，特别是大面积或大批量施涂，喷漆可大大提高功效。

喷漆施工不足之处是：浪费一部分材料，一次不能喷得太厚，而需要多次喷涂，溶剂随气流飘散，造成环境污染。

木器喷漆工艺，见表 5-3。

木器喷漆工艺　　表 5-3

步骤	图示及说明
基层处理	嵌涂腻子前要对木器表面的粉尘、污物进行清理，特别是把预留缝中的污物清扫干净，以免影响腻子的附着力。

续表

步骤	图示及说明
嵌补腻子	 调和漆嵌补所使用的腻子，是用原子灰添加固化剂调制而成的。它具有黏结性好、防开裂等特点，使用时要尽量将原子灰与固化剂混合均匀。 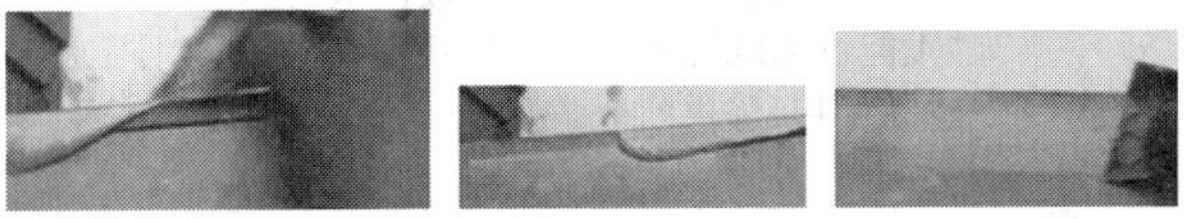 这道腻子主要是对沟、缝、钉眼等进行嵌补，勾缝内一定要填满、填实，注意要把多余的腻子收刮干净。
打磨	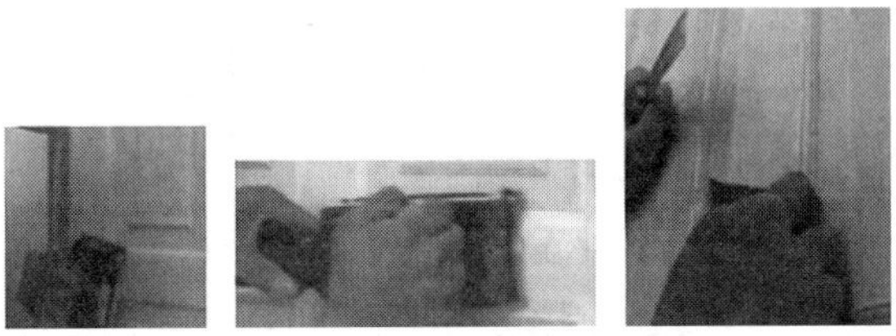 打磨要求与清油基本相同，必须要等腻子干燥后进行，同样要掌握除去多余、表面平整、轻磨、慢打，线脚分明，要该平的平、该方的方。
喷涂底漆	 喷漆前，要将玻璃、五金件、木器周边加以保护，以免被污染，难以清理，并将木器表面粉尘吹扫干净。

续表

<table>
<tr><th>步骤</th><th>图示及说明</th></tr>
<tr><td>喷涂底漆</td><td>

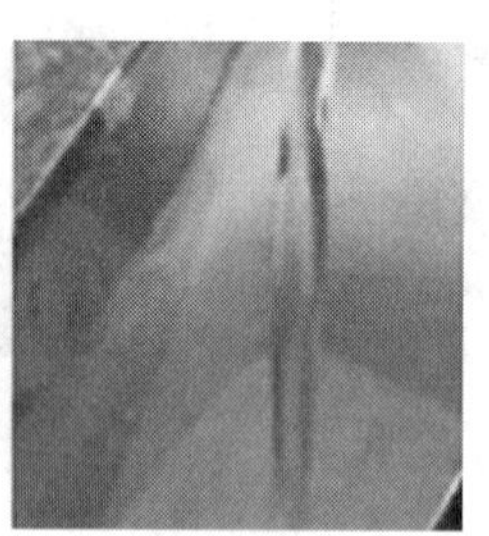

喷漆的底漆要稀释，可根据说明书进行稀释，以使漆能顺利喷出为准，但不能过稀或过稠（过稀会产生流坠现象，而过稠则易堵塞喷枪嘴），不同喷漆所用的稀释剂不同。

注：要防止在喷漆时堵塞喷嘴，否则会造成涂层粗糙不平，影响涂膜的平整和光亮度，还浪费人工和材料，影响下道工序的顺利进行。

掺稀调匀后，要用 120 目铜丝网或 200 目细卷网过滤，除去颗粒等。

喷漆时，喷枪嘴与物面的距离应控制在 250 ～ 300mm 之间，一般喷头遍漆要近些，以后每道要略微远些。气压应保持在 0.3kPa ～ 0.4kPa 之间，喷头遍后逐渐减低。

</td></tr>
</table>

续表

步骤	图示及说明
喷涂底漆	如用大喷枪，气压应为 0.45kPa ～ 0.65kPa，操作时喷出漆物方向应垂直物体表面，每次喷涂应在前一次涂膜的基础上重复喷涂，以免漏喷或结疤。  补腻子    喷涂第一遍底漆干燥后，坑、凹不平的地方便显现出来，这时要进行两道腻子的嵌补，即嵌补腻子打磨，复补腻子打磨。  喷涂第二遍底漆与第一遍相同，但要调配得稀一些，以增加后道腻子的结合能力。 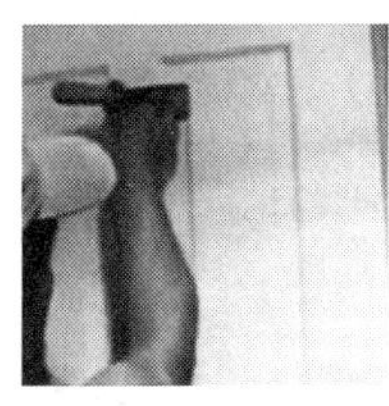 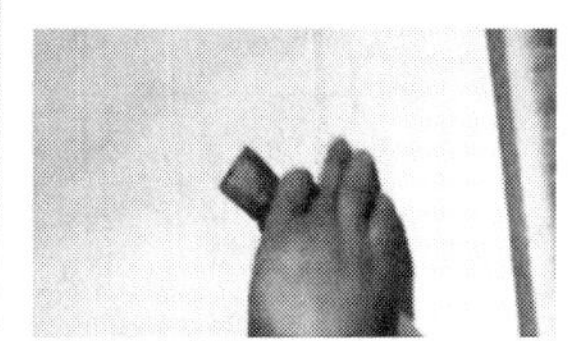 喷涂第二遍底漆后，还要进行最后的一次精补腻子，这一遍的检查嵌补，要格外的仔细，它将直接影响成品的平整光滑。
喷面漆	面漆要喷 2 ～ 3 遍，要由薄逐渐喷厚，喷漆在使用时同底漆一样，也要稀释。 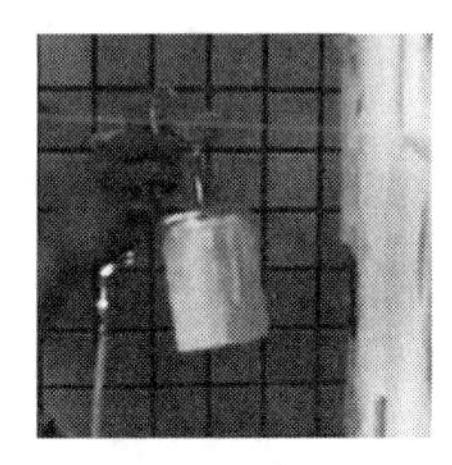 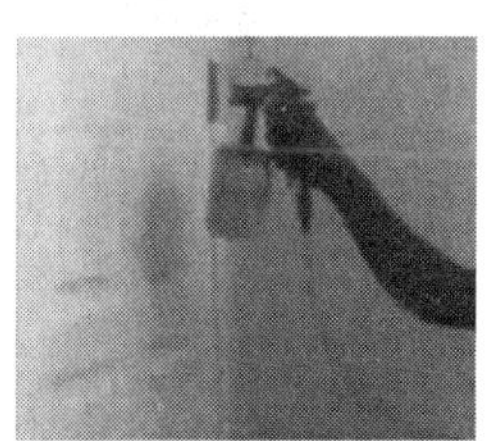 注：第一遍喷漆黏度要小些，以使涂层干燥得快，不宜使底漆或腻子爬起来；第二、三遍喷漆黏度可大一些，以使涂层显得丰满，但要注意，这种情况下，喷涂距离应近一些，否则，在油漆涂料未达到物面时，溶剂将会挥发，使涂层粗糙不平、疏松多孔、没有光泽（每一遍喷漆干燥后，都要用 320 目水砂纸打磨平整，并清洗干净。最后还要用 400 ～ 500 目水砂纸进行打磨，使漆面光滑平整，无挡手感）。

第三节 壁纸施工工艺

壁纸施工工艺的方法主要有干贴法和湿贴法，这里主要介绍干贴法。

施工步骤：墙面处理→测量面积→画定位线→裁纸刷胶→纸上墙裱糊→拼缝搭接、对花→赶压粘结剂、气泡→清理修整。

壁纸施工工艺，见表 5-4。

壁纸施工工艺 表 5-4

步骤	图示及说明
工具准备	裁刀、壁纸刀、针管、刀片、刮板、壁纸刷、水平尺、毛巾、卷尺、压缝压辊。
墙面处理	壁纸施工前，要对墙面进行基层处理，使墙面无凹凸、无污垢及剥落现象。滚涂封闭底漆，达到平滑、清洁、干燥。
测量面积并画定位线	测量房间高度和周长，确定裱糊面积。通过下面的公式来估算出壁纸的用量： $$壁纸用量（卷）=\frac{房间周长\times房间高度}{每卷壁纸面积}\times(1+K)$$ 注：K 为壁纸损耗量，一般为 3% ～ 10%； 大图案比小图案壁纸的利用率低，因而 K 值略大； 裱糊面奇异复杂的要比普通的利用率低，K 值较高； 每卷壁纸的尺寸越长利用率高，K 值较小。

续表

<table>
<tr><th>步骤</th><th>图示及说明</th></tr>
<tr><td>裁纸刷胶</td><td> 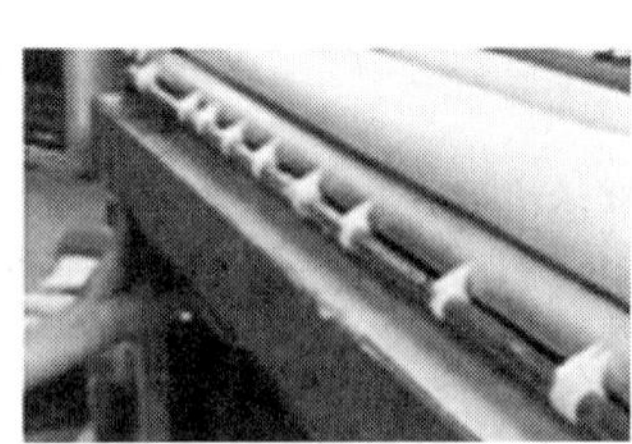
上胶机：可以完成壁纸上胶和裁纸工序。
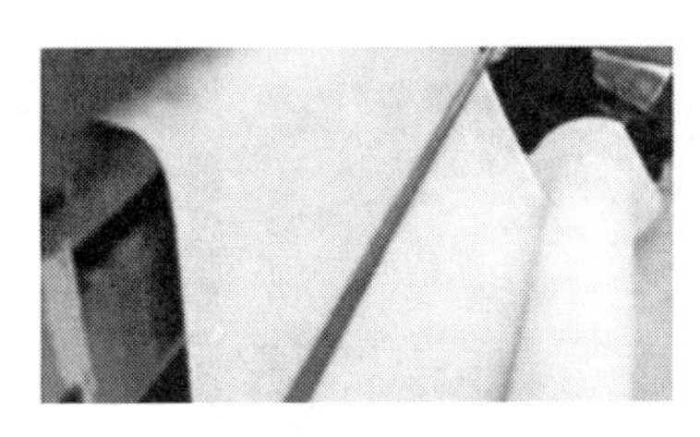 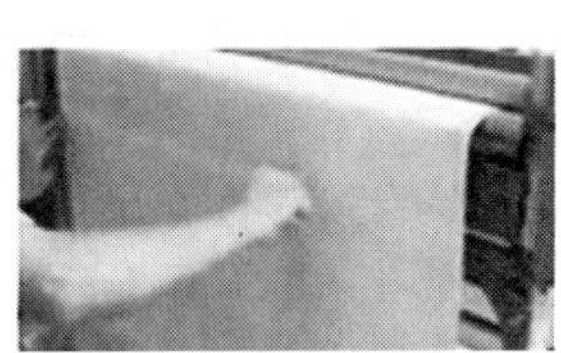
裁纸的长度应先按壁纸的高度和拼花的需要来裁取，裁出的壁纸要比实际需求长 5 ～ 10cm，以便上下修正，同一房间应用一批壁纸，以避免出现色差，保证完美统一的装饰效果。</td></tr>
<tr><td>纸上墙裱糊</td><td>首先确定第一张壁纸的位置，通常是在门或窗边开始，并在墙上画一条垂直定位线。
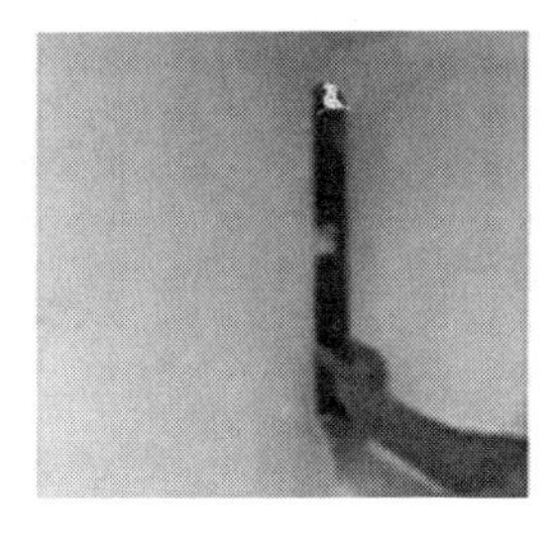 
其次将壁纸固定在墙上，并以一点为轴移动壁纸，使壁纸边缘与定位线对齐，然后用手轻轻固定。
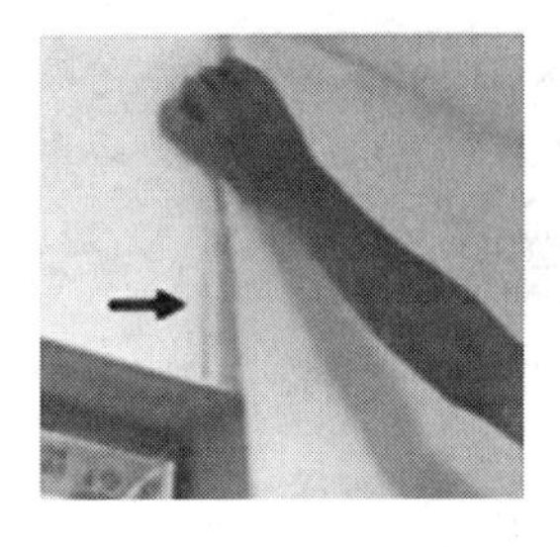 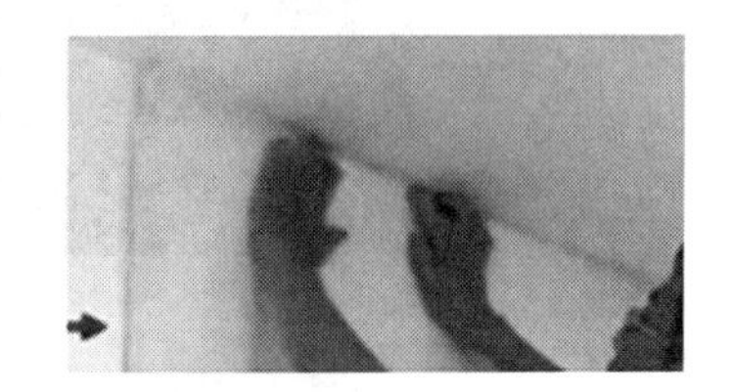</td></tr>
</table>

续表

<table>
<tr><th>步骤</th><th>图示及说明</th></tr>
<tr><td>纸上墙裱糊</td><td>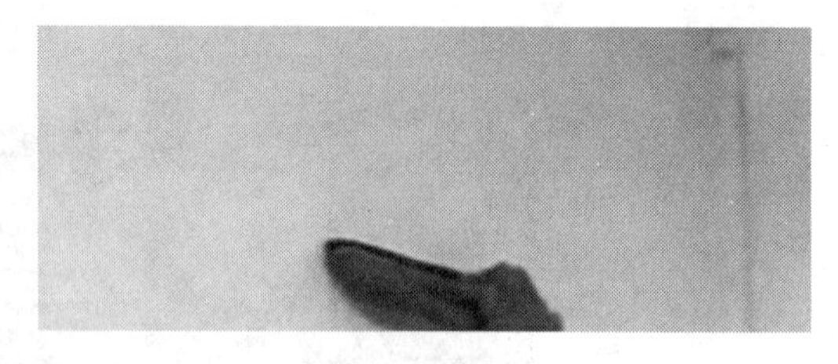
用壁纸刷、刮板等工具，由中间向四周赶出多余的胶液和空气，压紧边缘，将壁纸固定。</td></tr>
<tr><td>拼缝搭接、对花</td><td>1）拼缝搭接
 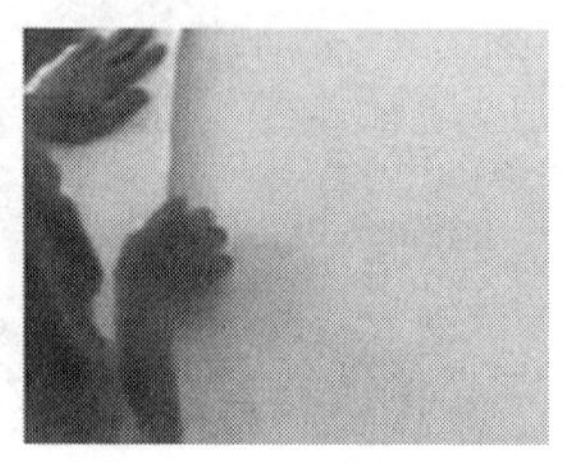
重叠裁切拼缝，这种施工方法简单，不宜显露拼缝痕迹，拼接时壁纸相互搭接一定的宽度。
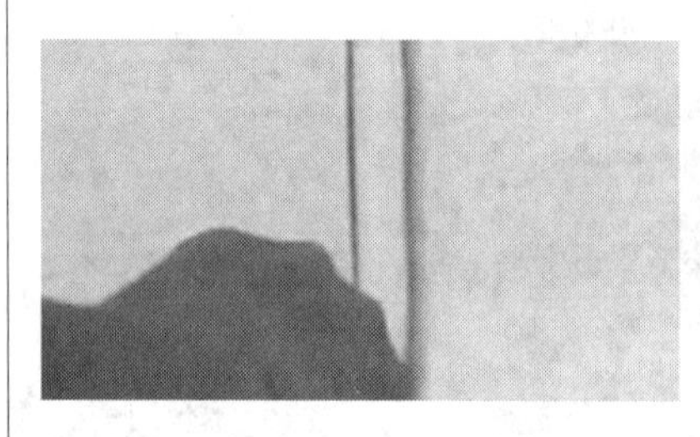 
像这样在搭接部位中心切割，注意切割时，要一次将两侧壁纸都切透，然后将上层多余的壁纸拿下。
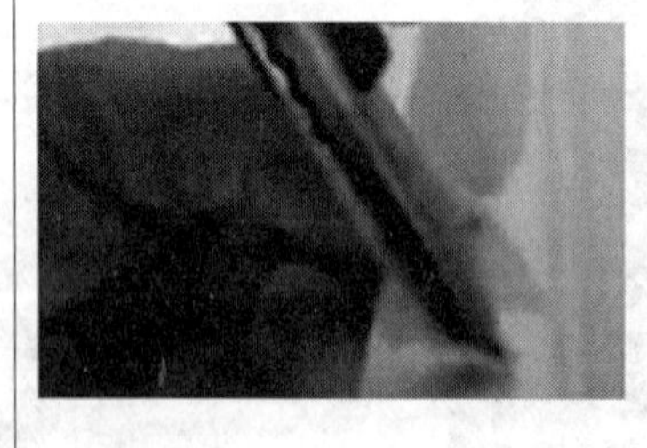 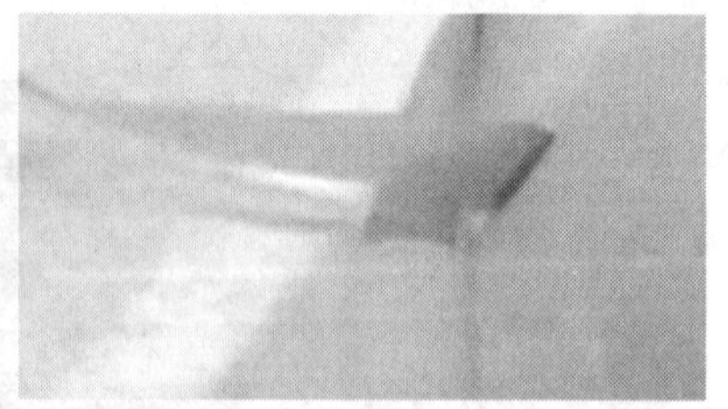
再将上层壁纸揭开一点，然后拿去下层多余的壁纸。</td></tr>
</table>

续表

<table>
<tr><th>步骤</th><th>图示及说明</th></tr>
<tr><td>拼缝搭接、对花</td><td>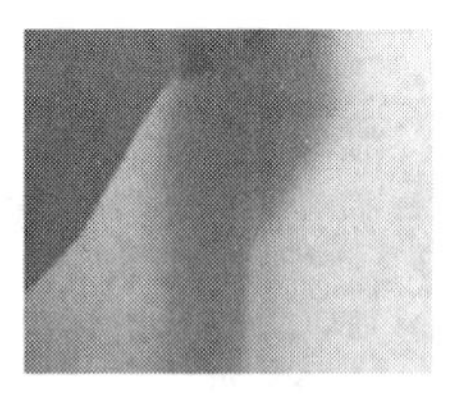 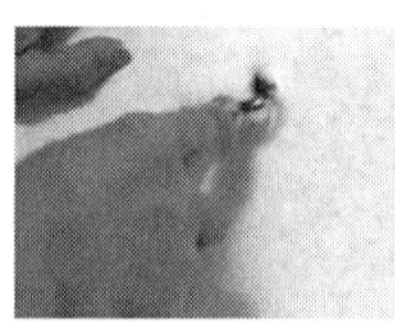 
将两侧壁纸的接头压在墙上，用压辊压实，就完成了拼缝搭接。
2）对花
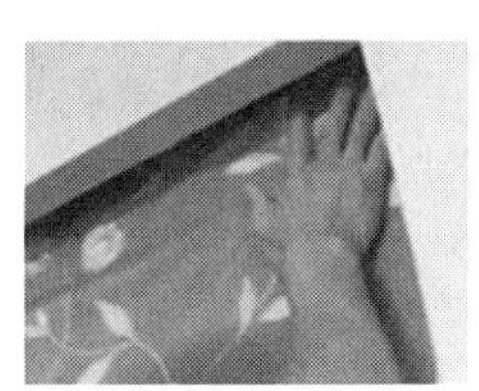 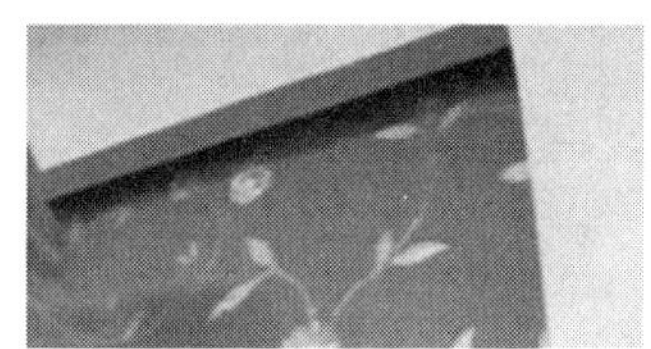
这类图案对花的关键是，第一幅壁纸要粘贴垂直，避免图案倾斜地排列在墙上。
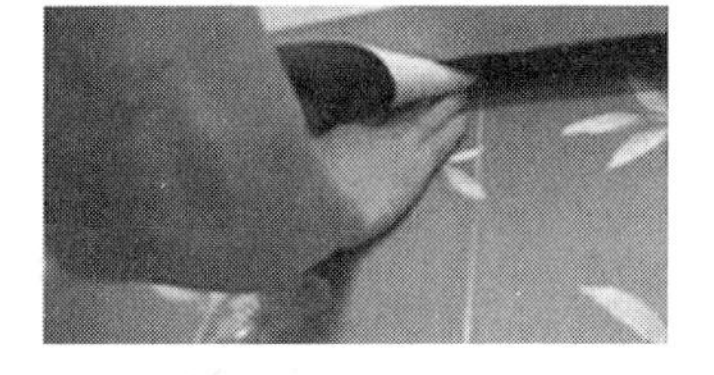 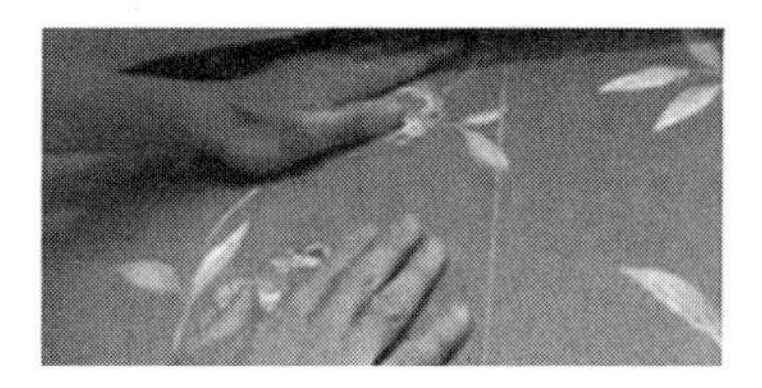
对花时先将一幅壁纸与另一幅对好。　用手掌的压力将两幅壁纸向一起挤。
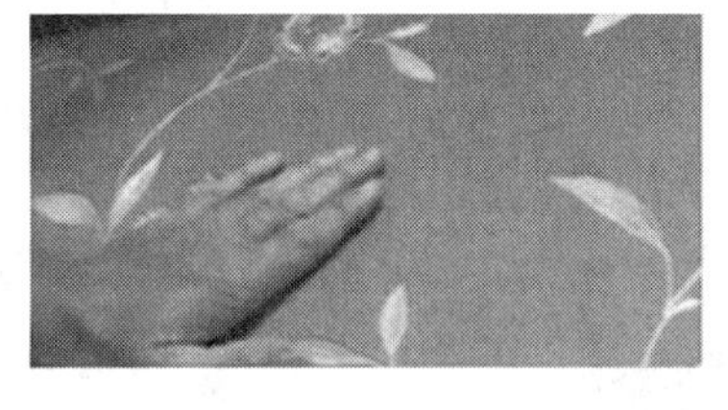 注：图案对花有横向排列和斜向排列图案。一般从铺贴第二幅开始，就将遇到拼缝和图案对花的问题。 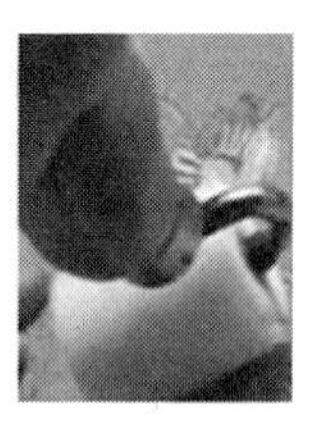
两幅壁纸要尽可能靠紧。　粘贴后用压辊滚压。</td></tr>
</table>

续表

步骤	图示及说明
墙角处理	 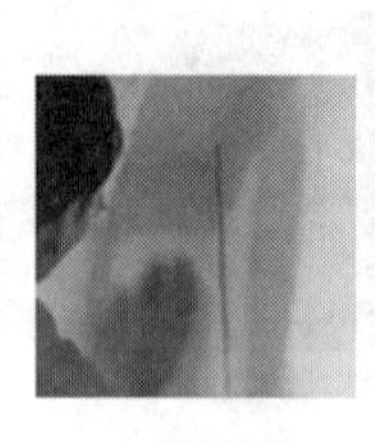 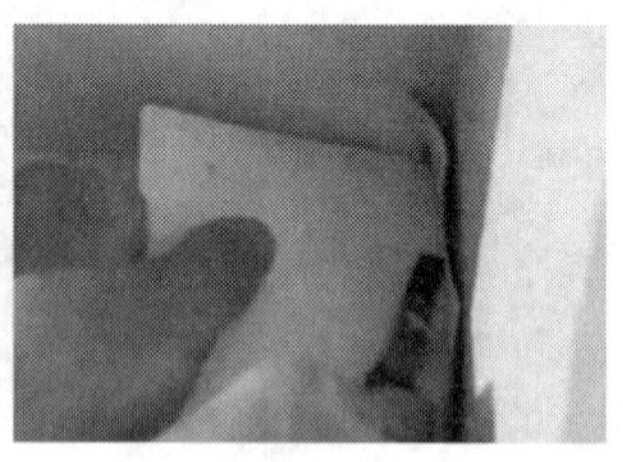 阳角壁纸必须包裹墙角，并不小于 20mm。　　阴角必须采用搭接接缝。 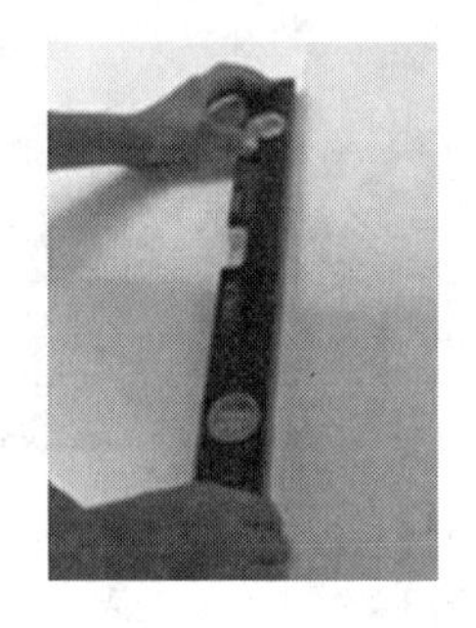 转过角的第一幅壁纸作为贴装的一个新起点，要确保垂直。 注：由于墙角很少有特别垂直的，而且壁纸干燥后要收缩，因此不能用整幅壁纸包裹墙角，应两面墙分开贴装。
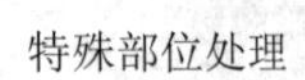特殊部位处理	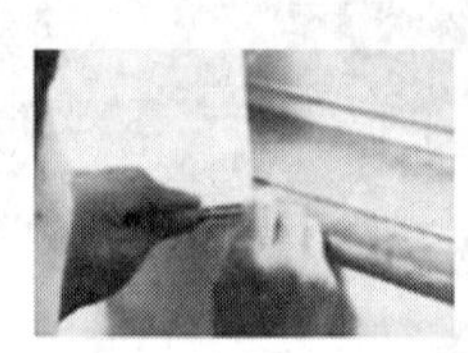  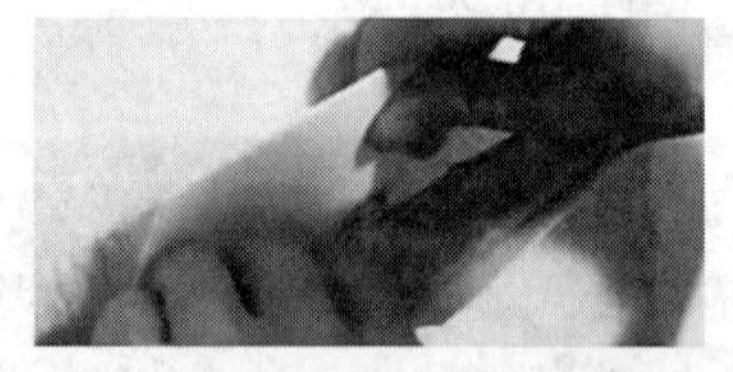  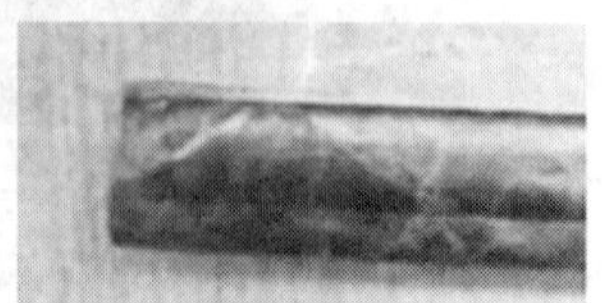 窗台部位的处理。

续表

步骤	图示及说明
特殊部位处理	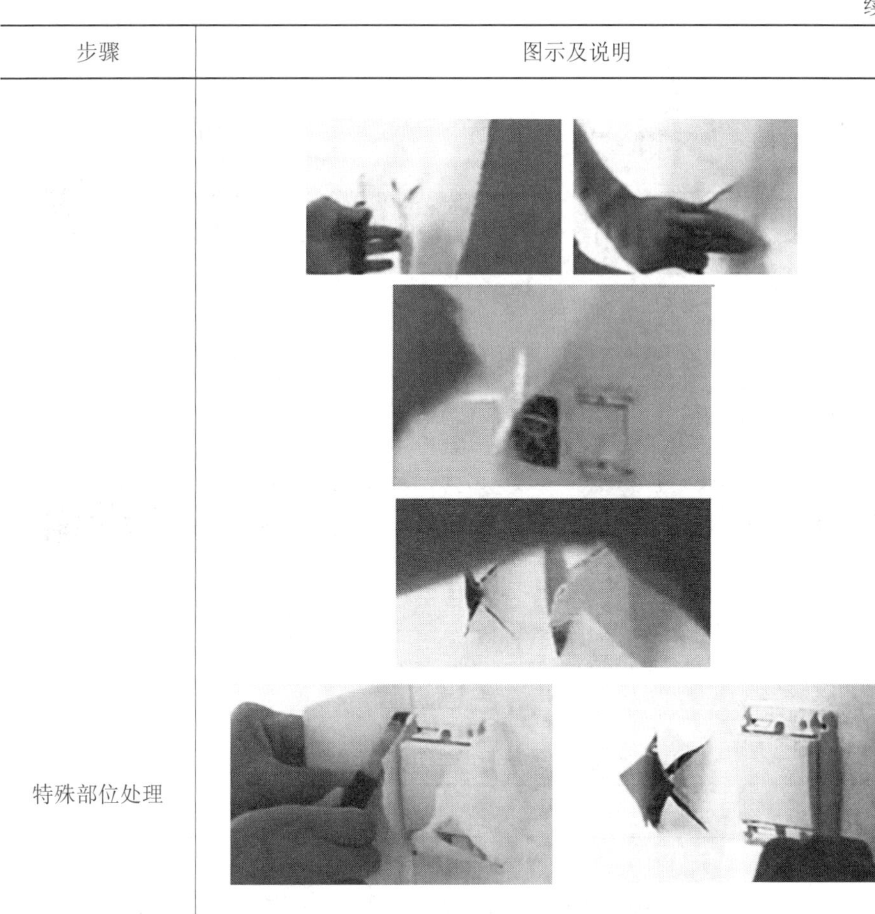 开关部位的处理。 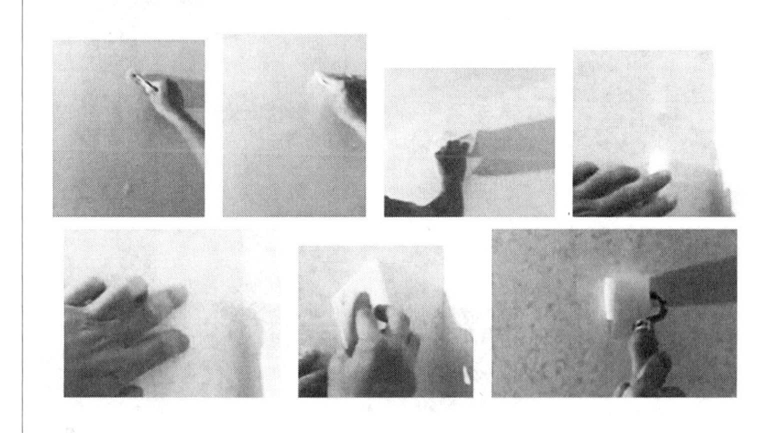 对气泡、细缝等做细致的检查、处理。

第六章　施工工艺

第一节　硝基清漆（蜡克）理平见光工艺

硝基清漆（蜡克）理平见光工艺，见表 6-1。

硝基清漆（蜡克）理平见光工艺　　表 6-1

步骤	图示及说明
材料准备	材料要备好硝基清漆，老粉，氧化铁系红、黄、黑和哈巴粉，漆片，硝基漆料，双氧水，氨水等。
工具准备	 工具应备有砂纸、油漆刷、排笔、小提桶、油灰刀和棉纱头等。

续表

步骤	图示及说明
基层处理	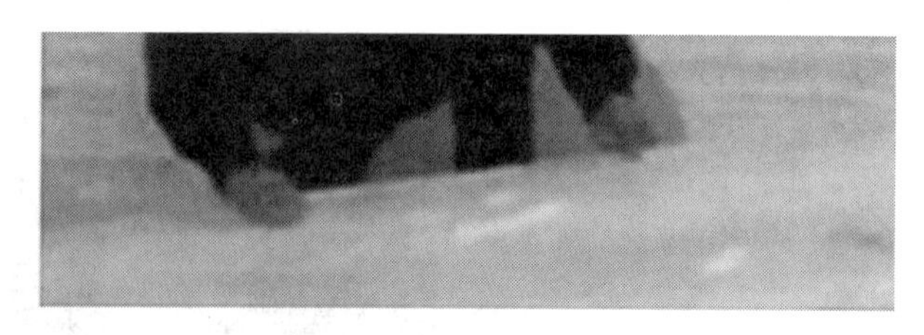 首先检查木料制品干燥程度，经符合涂料工程的施工要求，含水率不得超过12%。 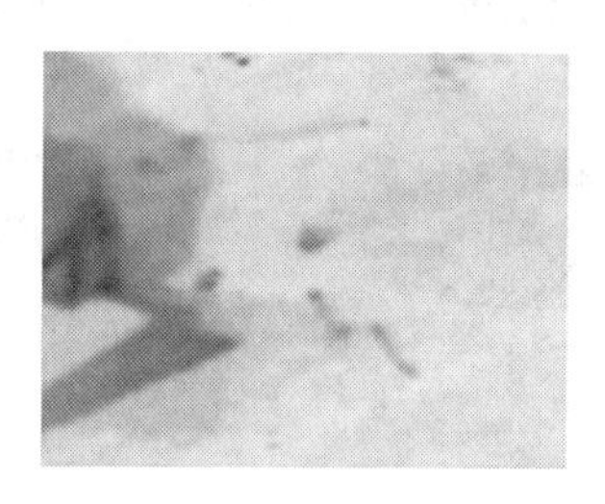 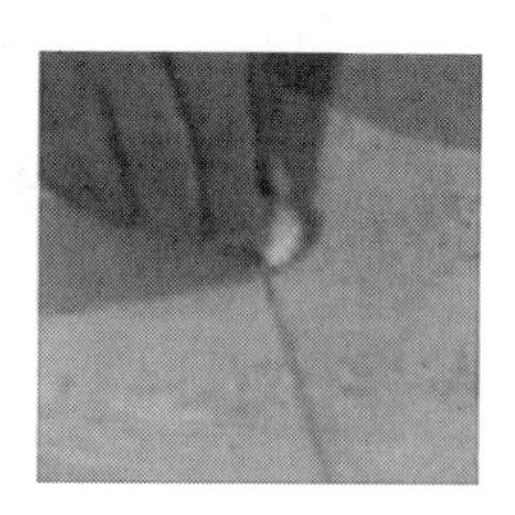 包括除油污、灰砂、污迹、毛刺、笔线、脱脂、色素褪色及清除暴痕、磨光和除钉等。 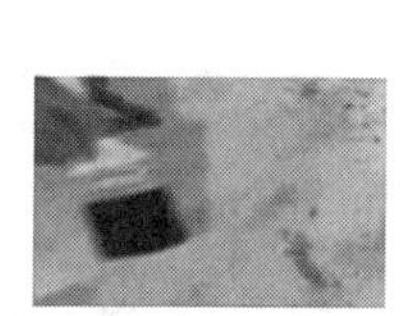 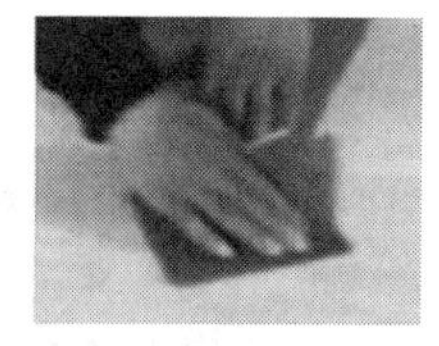    如果表面颜色深浅不一致，使用双氧水和氨水配成的溶液，进行色素褪色处理。
虫胶清漆打底	  虫胶清漆的重量配合比是，虫胶：酒精为1：6。 施涂时宜薄不宜厚，均匀地涂刷一遍，注意不要漏刷。

续表

<table>
<tr><th>步骤</th><th>图示及说明</th></tr>
<tr><td>墙角处理</td><td> 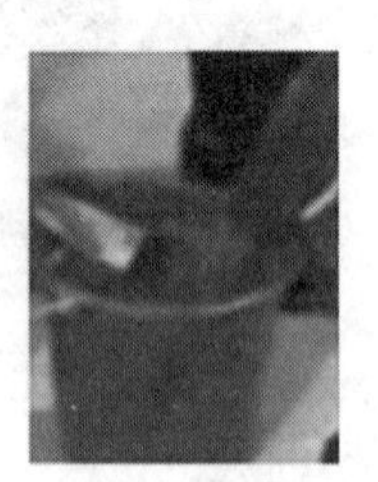
调配时，稠度要适当，太稠不宜揩擦，而且颜色容易揩花；太稀松也不容易充分填满，失去填孔的作用。
 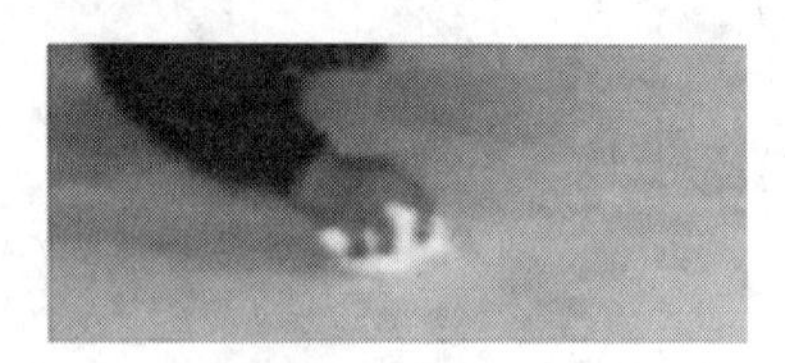
润粉操作时，可用油漆刷蘸粉，敷于物面。
揩涂时，要变化揩的方向，首先是横圈和直圈揩涂，手掌要用力照圈揩涂，使粉料充分进入木材的松眼，然后用洁净竹绒或净棉纱头再进行横揩、竖揩，直至将表面余粉揩净。
 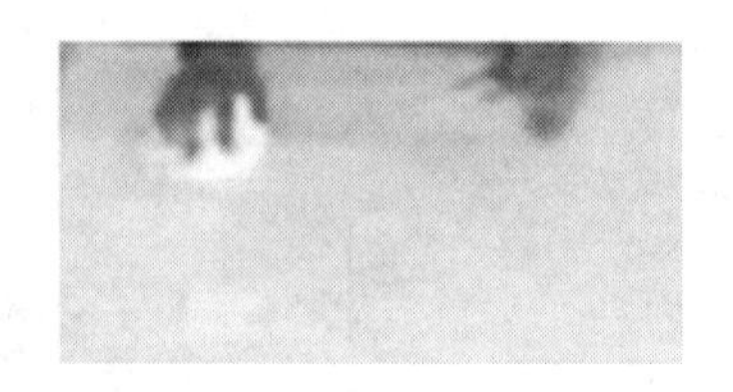
润粉干燥以后，用旧砂纸打磨，去掉浮粉，并清扫干净。</td></tr>
<tr><td>施涂虫胶清漆</td><td> 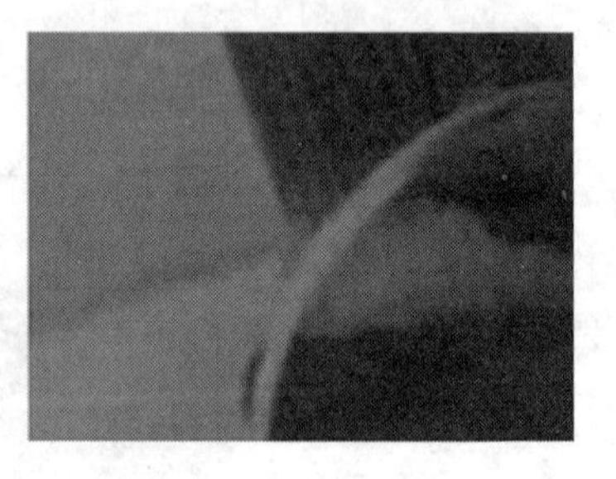
施涂虫胶清漆，用 1∶5 虫胶清漆。
注：刷子不要蘸漆过多，动作要快，顺木纹一来一去，均匀刷油，做到不漏刷、无流挂。</td></tr>
</table>

续表

<table>
<tr><th>步骤</th><th>图示及说明</th></tr>
<tr><td>复补腻子及打磨</td><td>
注：复补腻子不要超过缝眼，干后用 0 号砂纸打磨、扫净。
上遍清漆干燥以后，如物面上仍有砂眼及洞缝，再用虫胶清漆腻子复补。</td></tr>
<tr><td>拼色、修色</td><td>
施涂虫胶清漆以后，如果发现局部的颜色与样板有色差时，就应该按照样板颜色用酒色或水色来进行拼色和修色，使整体色泽一致。</td></tr>
<tr><td>施涂虫胶清漆及打磨</td><td>
待物面干燥后，涂施一遍虫胶：酒精＝1∶5 的虫胶清漆。
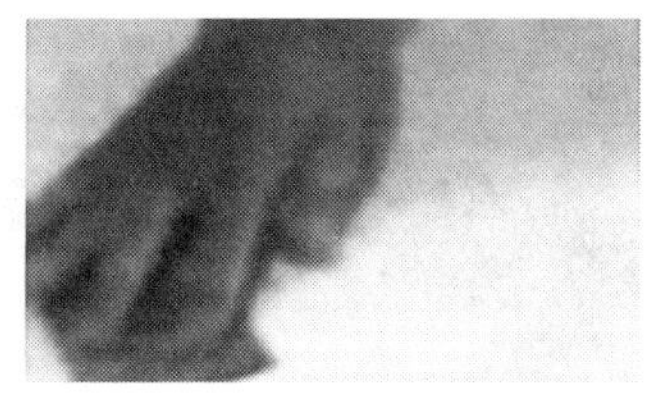 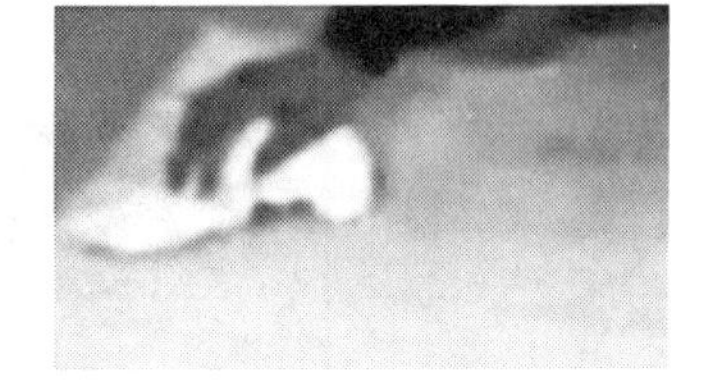
干后用 0 号或 $1\frac{1}{2}$ 号旧砂纸打磨光滑。</td></tr>
</table>

续表

<table>
<tr><th>步骤</th><th>图示及说明</th></tr>
<tr><td>施涂硝基清漆
2 ～ 4 遍及打磨</td><td> 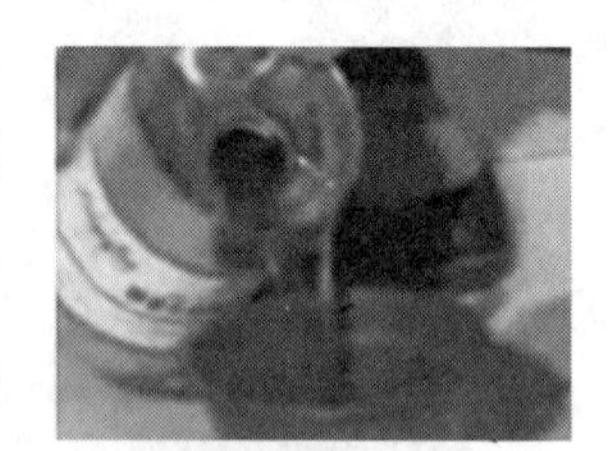 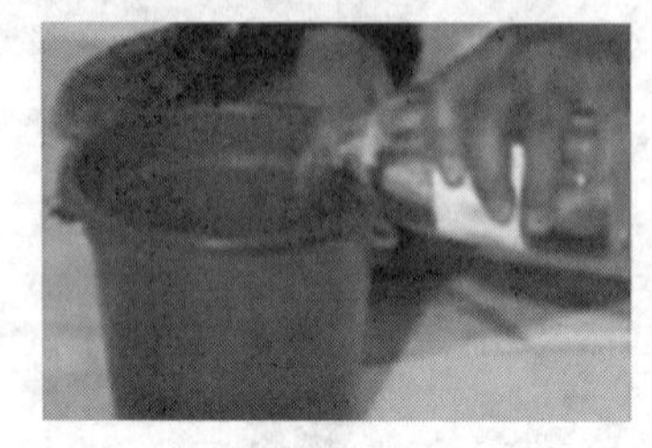 
先将厚稠的硝基清漆用硝基稀料调稀，并搅拌均匀，注意掌握好漆的稠度，以免过稠，刷的时候用力过大会把涂膜揭起。

用 8 ～ 12 管不脱毛羊毛排笔，施涂 2 ～ 4 遍。由于硝基清漆渗透力很强，在一个地方多次重复回刷，容易把底层涂抹泡软而揭起，所以施涂时要等下一层硝基清漆干透再进行。
注：蘸漆后依次施涂，不得多次重复回刷。动作要迅速，做到施涂均匀、无漏刷、流挂、过棱、起泡等缺陷。每遍干燥时间，需 30 ～ 60min。干燥后都要用旧木砂纸打磨。
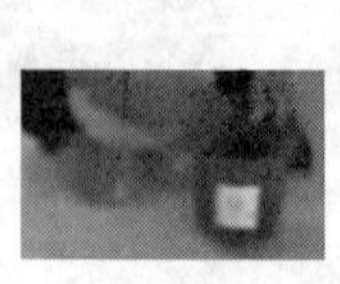   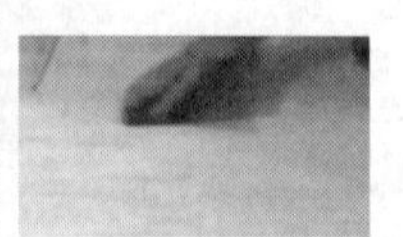
最后用水砂纸打磨。</td></tr>
</table>

续表

<table>
<tr><th>步骤</th><th>图示及说明</th></tr>
<tr><td>揩涂硝基清漆及打磨</td><td>

先调配漆液，在厚稠的硝基清漆中加入适量的硝基稀料，然后搅拌均匀。

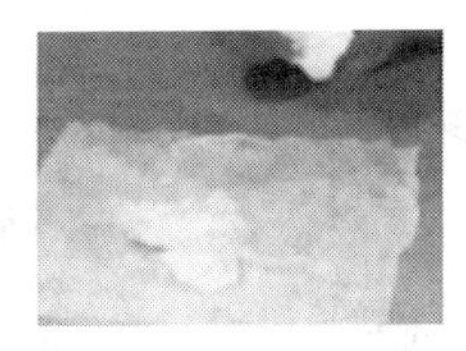
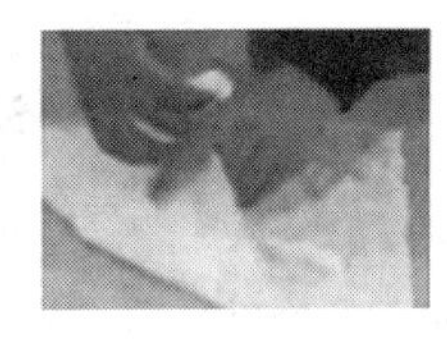
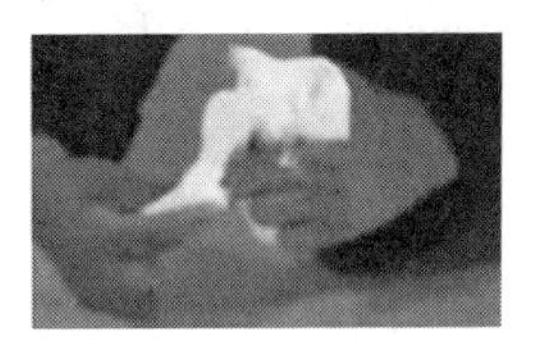

揩涂硝基清漆是传统的手工操作，事先用纱布包成棉花团，因为硝基清漆经过数遍施涂，施干后表面会出现显眼现象。

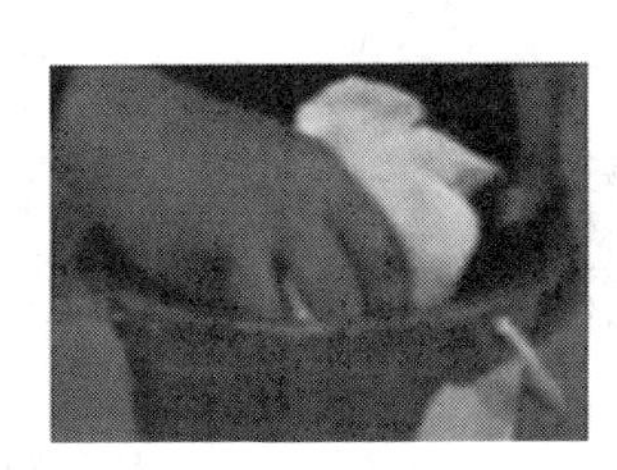

为了获得平整涂抹，必须用数次揩涂的方法。操作时，将棉花团浸透漆液，先顺木纹揩涂，后横向圈涂，再纵向圈涂，使漆液尽快进入木纹管孔，达到饱满状态，直至整个物面全部揩到，涂层平整为止。

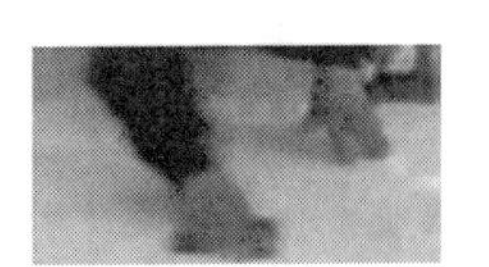

放置 2 ～ 3d，干燥后用 280 号水砂纸加肥皂水打磨，然后除去水渍、干燥后再进行揩涂。
</td></tr>
</table>

续表

步骤	图示及说明
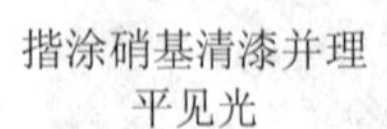 揩涂硝基清漆并理平见光	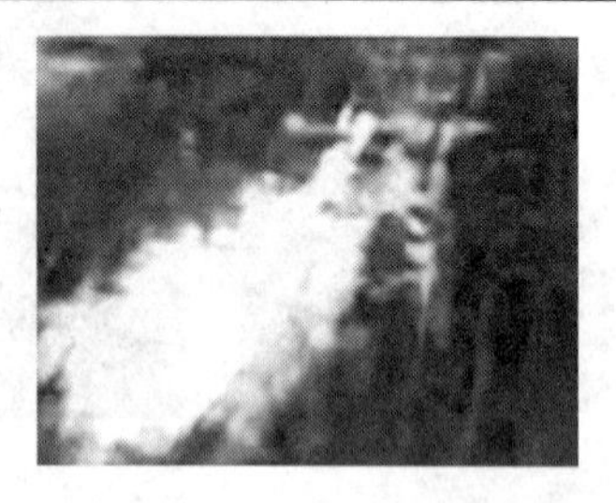 揩涂第二遍硝基清漆的稠度要比第一遍稀一些，调配时适当的多加一些硝基稀料。操作时首先分段直拖，拖至基本平整，再顺木纹通长直拖，并一拖到底，达到可以平见光的效果。
擦砂蜡、光蜡	  在砂蜡内加入少量煤油，调成浆糊状。 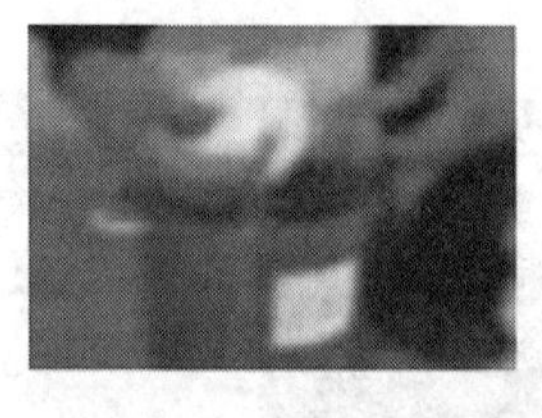 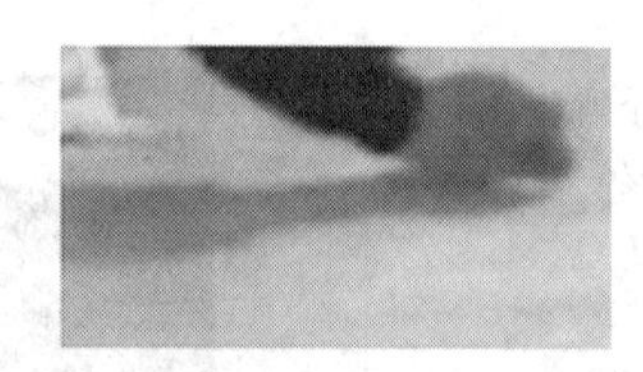 用干净棉纱或纱布蘸取砂蜡以后，顺木纹方向用力来回擦，擦到漆面有些发热。当表面出现光泽，用干净面纱，将残余的砂蜡擦揩干净。但要注意，不可长时间在局部擦涂，以免涂膜因过热软化而损坏。     擦光蜡，在光蜡内加入少量煤油，调成浆糊状。用砂头将光蜡敷于物面上，要求全敷到，并且蜡要上薄、上均匀，然后用绒布擦拭，直到面上闪闪发光为止，此时，整个物面木纹清晰、色泽鲜亮、精光锃亮。

第二节　聚氨酯清漆刷亮与磨退工艺

1. 聚氨酯清漆刷亮工艺

聚氨酯清漆刷亮工艺，见表 6-2。

聚氨酯清漆刷亮工艺　　表 6-2

步骤	图示及说明
材料准备	  与硝基清漆理平见光的用料基本相同，主要增加了聚氨酯清漆。
工具准备	 工具应备有砂纸、油漆刷、排笔、小提桶、油灰刀和棉纱头等。
基层处理	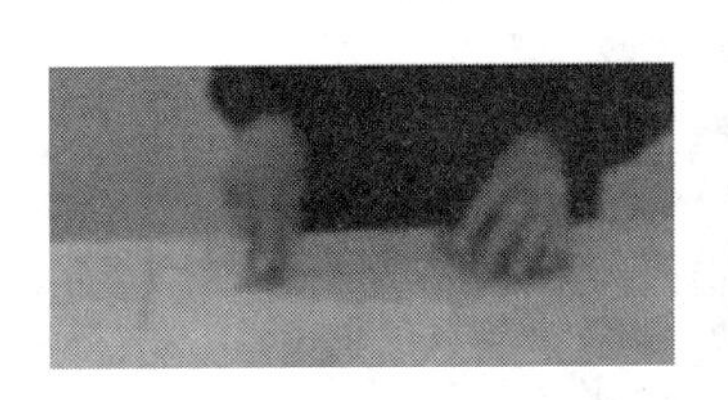 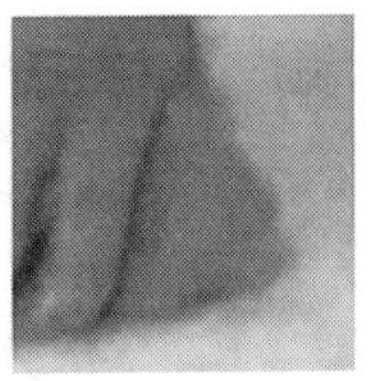 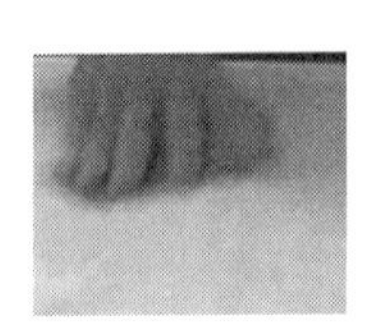 与硝基清漆理平见光的基层处理基本相同，打磨砂纸要顺木纹，不得横磨或斜磨，精心保护棱角，不得磨成圆角。

续表

<table>
<tr><th>步骤</th><th>图示及说明</th></tr>
<tr><td>基层处理</td><td>

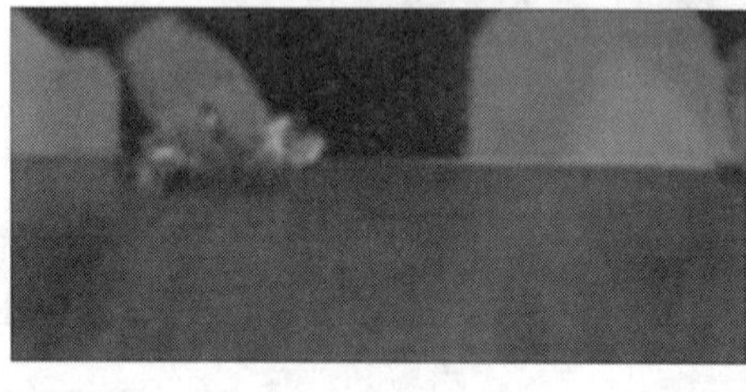
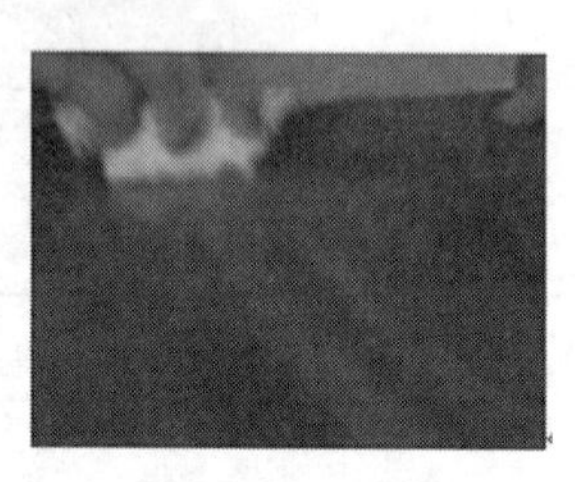
水粉的重量比，老粉：颜料：水＝1:0.4:水适量，水粉颜色应按照样板调配。操作时，可在清理干净的白皮表面上用油漆刷、棉纱头或竹绒蘸上水粉浆，满揩一次。趁浆湿润的时候，顺着木纹往返揩抹两次以上。松眼要求润满，揩抹时，要做到用力均匀，做到快速、整洁、均匀，同时要防止木纹擦伤或漏抹。</td></tr>
<tr><td>打磨及施涂底油</td><td>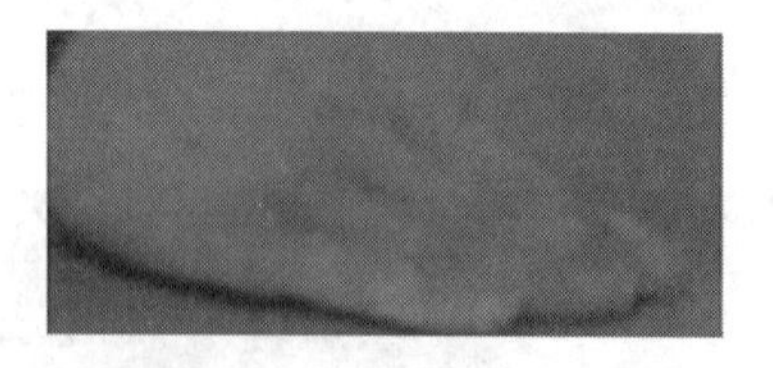
待水老粉干透以后，用旧砂纸轻轻地打磨一遍，踢掉阴角处的浮粉，弹净粉末灰尘。

底油要用聚氨酯清漆加入适量的硝基漆料调成。</td></tr>
</table>

续表

<table>
<tr><th>步骤</th><th>图示及说明</th></tr>
<tr><td>打磨及施涂底油</td><td>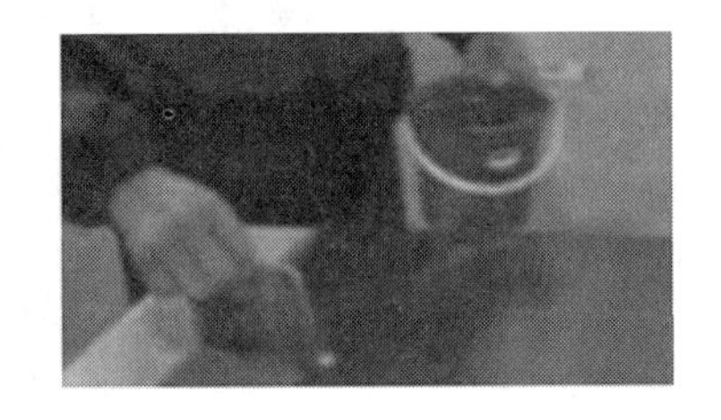
施涂底油的时候要均匀，宜薄不宜厚，不可漏刷、不可往返多刷，以免带起水粉，把木纹刷浑。</td></tr>
<tr><td>打磨及嵌批、复补石膏油腻子</td><td>待底油干透后，用 $1\frac{1}{2}$ 号木砂纸轻轻地打磨掉面层的颗粒，并弹干净。

嵌批石膏油腻子可用开刀、钢皮刮板、牛角鞘等工具，嵌批 1～2 遍，要顺着木纹，往返来回的嵌批，把腻子批实、批满，不得漏批。
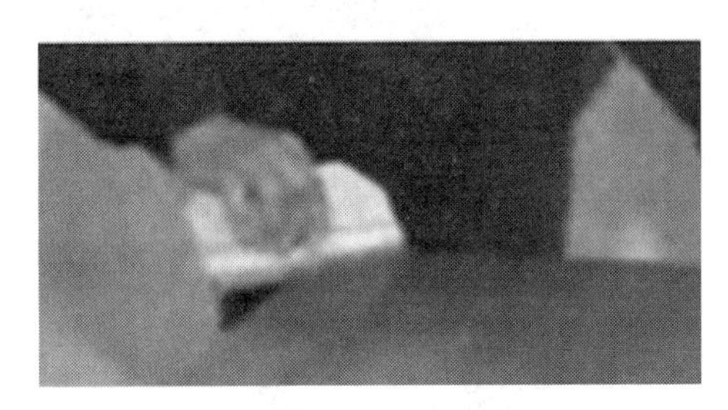
腻子嵌批后要收刮干净，不得留下多余腻子和刮板印痕。
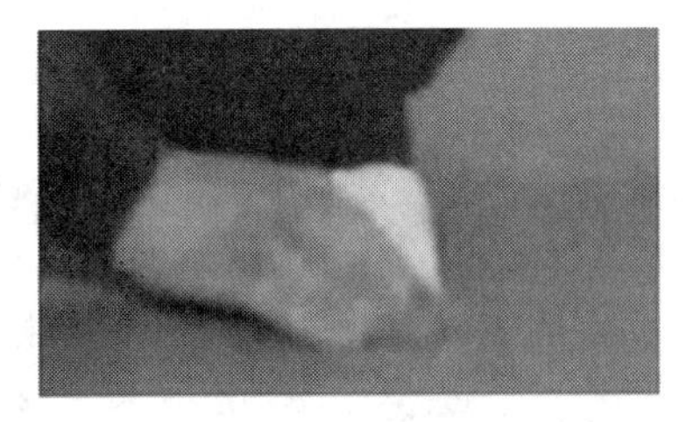
每遍腻子干燥后，都要用 1 号或 $1\frac{1}{2}$ 号木砂纸打磨平整和弹净。</td></tr>
</table>

续表

步骤	图示及说明
打磨及嵌批、复补石膏油腻子	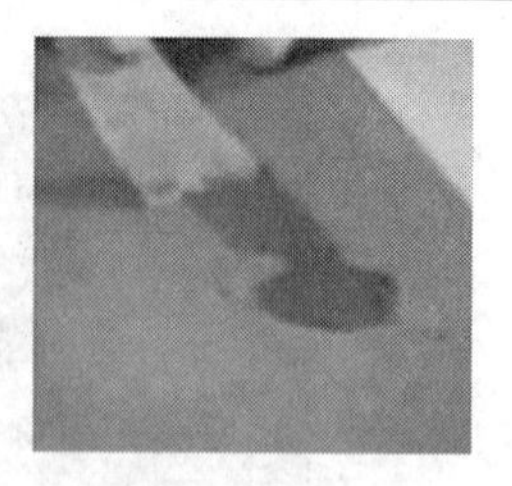 等嵌批的腻子干透后，对局部还存在的细小缺陷，应复补石膏油腻子。
打磨及施涂第一遍聚氨酯清漆	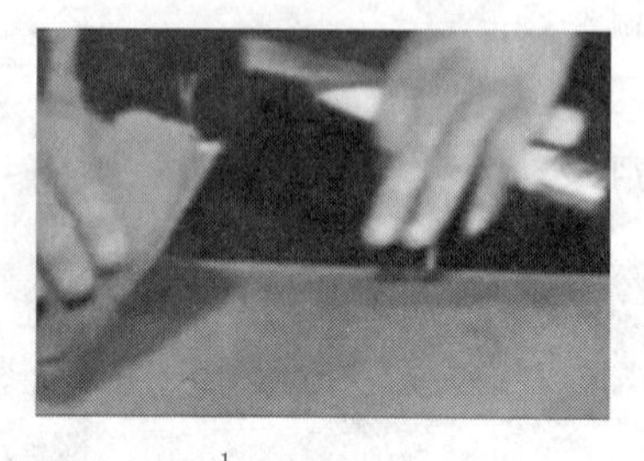 石膏油腻子干透后，用 1 号或 $1\frac{1}{2}$ 号木砂纸顺着木纹来回打磨，直至抹掉复补腻子的圈疤。 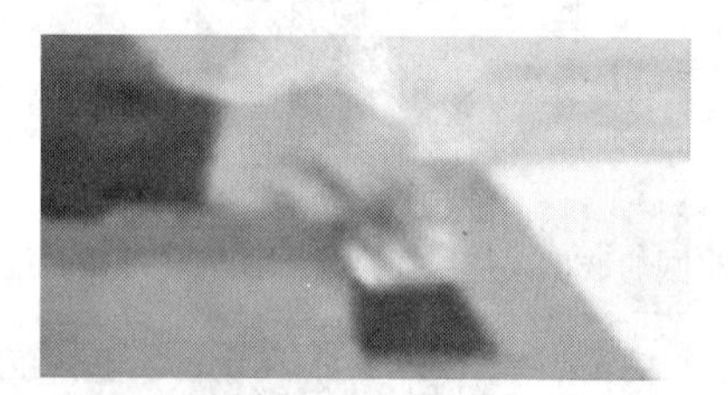 打磨后弹净。 注：不能把腻子磨伤、磨穿，棱角要保护好。
施涂第一遍聚氨酯清漆	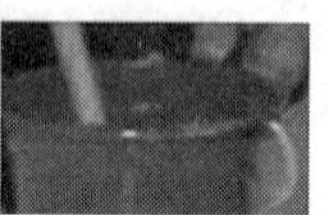 在聚氨酯清漆中加入适量硝基稀料，并且要搅拌均匀。  施涂时用排笔顺着木纹涂刷，宜薄不宜厚，施涂时要均匀，防止漏刷或流坠。

续表

步骤	图示及说明
打磨和拼色、修色	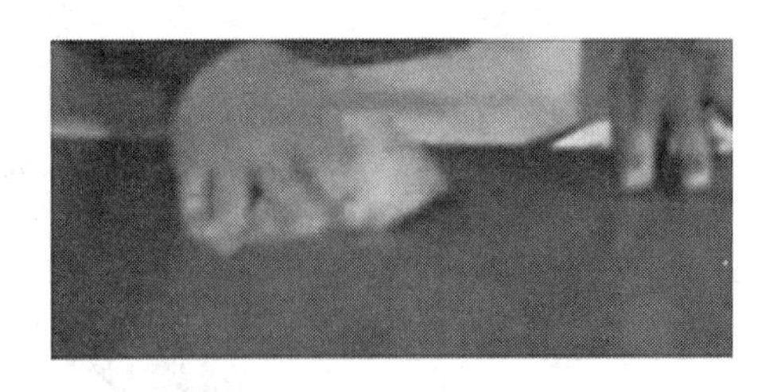 第一遍聚氨酯清漆干燥后，用 1 号或 $1\frac{1}{2}$ 号木砂纸顺着木纹轻轻地往返直磨，不能横磨、斜磨、漏磨和磨伤。  拼色可用酒色或水色，操作方法与硝基清漆理平见光工艺中拼色、修色相同。
施涂第二遍至第五遍聚氨酯清漆及打磨	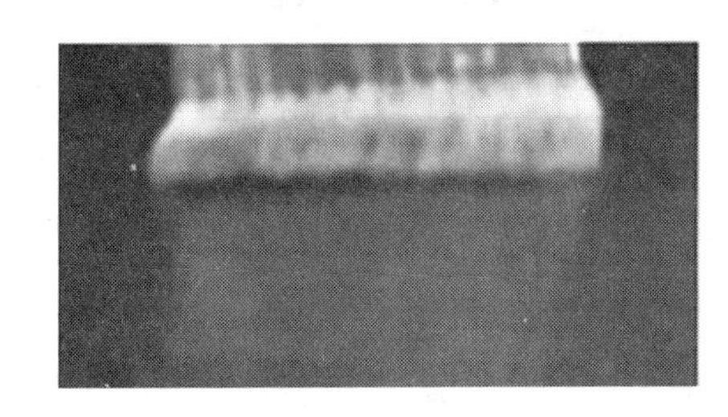  施涂时应顺着木纹方向，不能横刷、斜刷、漏刷和流坠，并保持适当的厚度。 注：每遍聚氨酯清漆施涂后，应隔日待其充分干透，颗粒、飞刺翘起，以利于打磨。
磨光	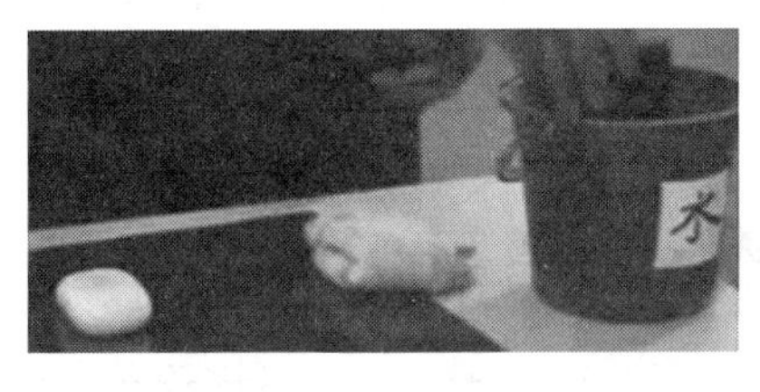 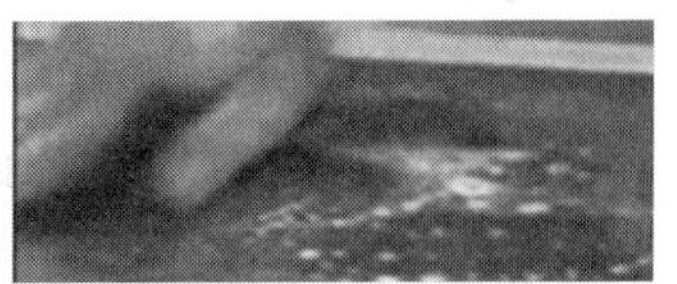 第五遍聚氨酯清漆干燥后，可用 280 ～ 320 号水砂纸打磨，用力要均匀，要求磨平、磨细腻，把大约 70% 的光磨倒，但是应该注意棱角处不能磨白和磨穿。

续表

步骤	图示及说明
磨光	打磨后，要揩去浆水，并且要用清水揩抹干净。
施涂第六遍聚氨酯清漆	   这遍聚氨酯清漆是刷料工艺的罩面漆。罩面聚氨酯清漆的配方与前相同，最好能用新开的清漆。配好的聚氨酯清漆，应在 15min 以后再使用。要求被涂物的表面要洁净，不得有灰尘。通风，但是应该尽量避免直接吹风。 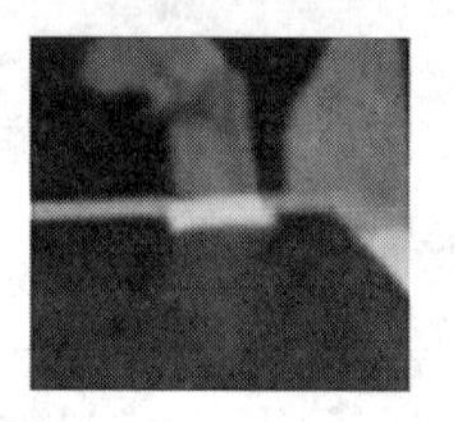 涂刷时薄厚要均匀，不能漏刷、流坠，做到无刷纹、无颗粒、无气泡。

2. 聚氨酯清漆磨退工艺

聚氨酯清漆磨退工艺需要在聚氨酯清漆刷亮工艺的基础上，增加以下工序，详见表 6-3。

聚氨酯清漆磨退工艺　　表 6-3

步骤	图示及说明
磨光	上遍聚氨酯清漆干燥后，可用 280 ～ 320 号水砂纸打磨，用力要均匀，要求磨平、磨细腻，把大约 70% 的光磨倒，但是应该注意棱角处不能磨白和磨穿。

续表

步骤	图示及说明
磨光	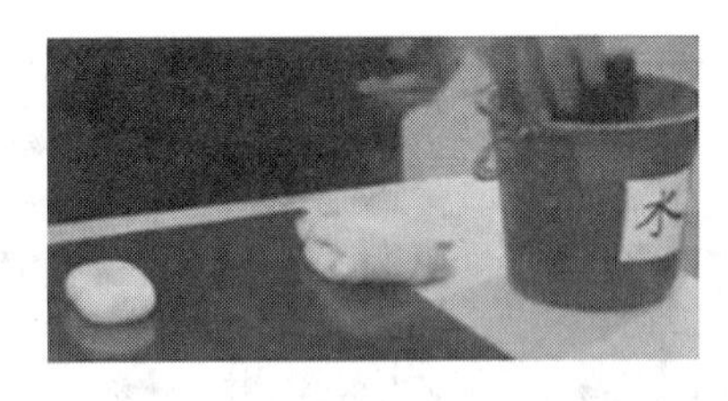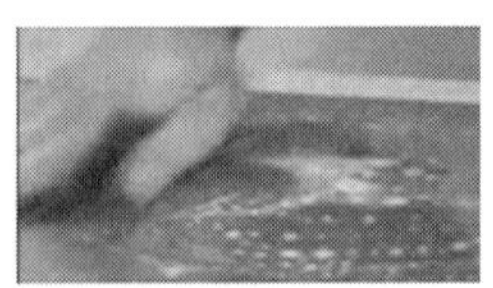 第一遍聚氨酯清漆干燥后，用 1 号或 $1\frac{1}{2}$ 号木砂纸顺着木纹轻轻地往返直磨，不能横磨、斜磨、漏磨和磨伤。 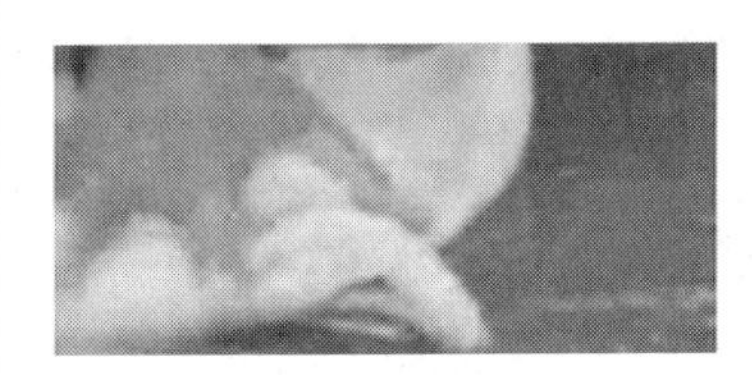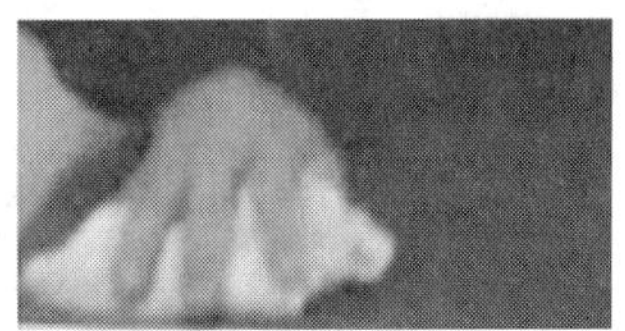 注：磨光其操作方法和要求与上遍磨光工序相同。 打磨后，要揩去浆水，并且要用清水揩抹干净。
施涂第七、八遍聚氨酯清漆	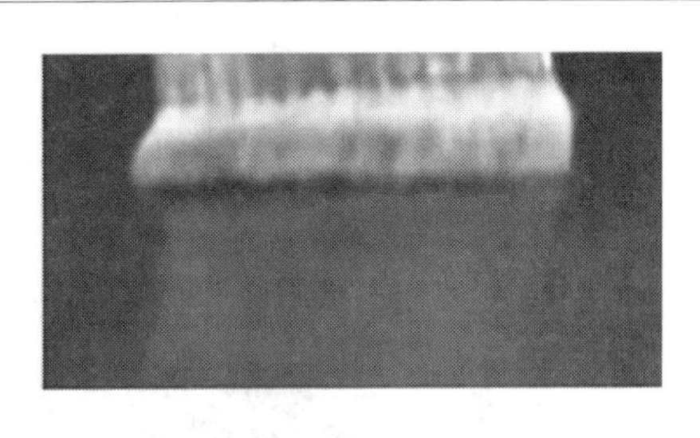 作为聚氨酯清漆磨退工艺的最后两遍罩面漆，其施涂方法同上。同时要求第八遍面漆，在第七遍面漆涂抹还没有完全干透的情况下，接连涂刷，以利于涂抹丰满、平整，在磨退中，不宜被磨穿和磨透。
磨退	 在最后一两遍罩面漆干透后，用 400 ～ 500 号水砂纸，蘸肥皂水，磨退涂抹表面的光泽。打磨时，用力要均匀，要求磨平、磨细腻，把光泽全磨倒、磨滑、揩净。

续表

步骤	图示及说明
打蜡、抛光	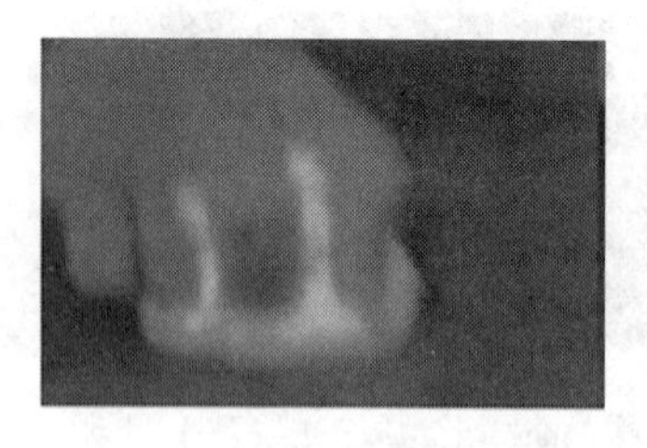 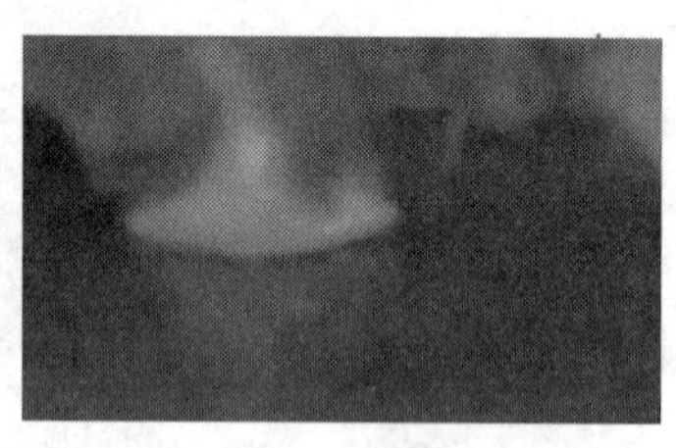 将磨退后揩抹的水渍晾干，用新、软的棉纱头，敷上砂蜡，顺着木纹的方向擦，擦蜡的时候用力可以重一点，擦出压光（棱角处不要多擦，以免发白）。   把多余的砂蜡收净以后，用抛光机抛光（抛光机不能只停留在一个地方或者是移动太慢）。 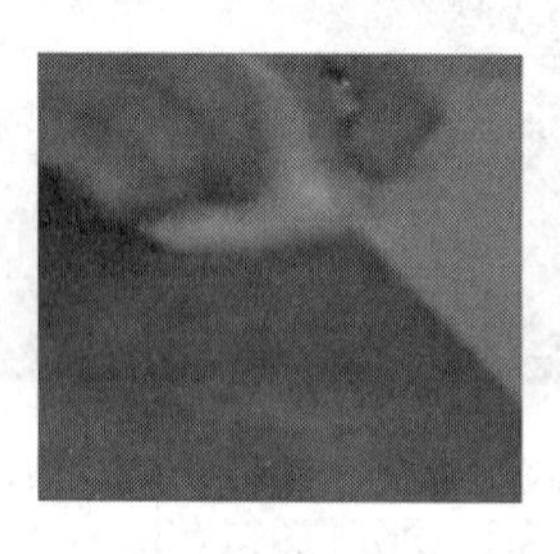  抛光结束以后，再用油蜡擦亮。

第三节　磁漆、无光漆施涂工艺

磁漆、无光漆施涂工艺，见表 6-4。

磁漆、无光漆施涂工艺　　表 6-4

步骤	图示及说明
材料准备	 要备好熟石膏粉、清油、水、醇酸稀料、厚漆、调和漆、无光漆和磁漆等。
工具准备	 工具应备有砂纸、油漆刷、排笔、小提桶、油灰刀和棉纱头等。
基层处理	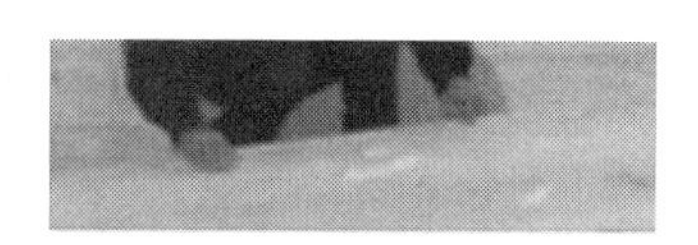 首先检查木料制品干燥程度是否符合涂料工程的施工要求，含水率不得超过 12%。 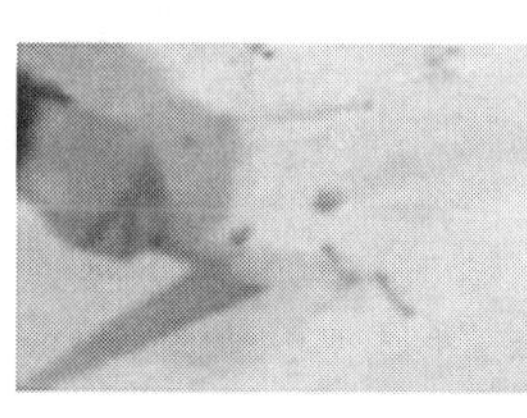 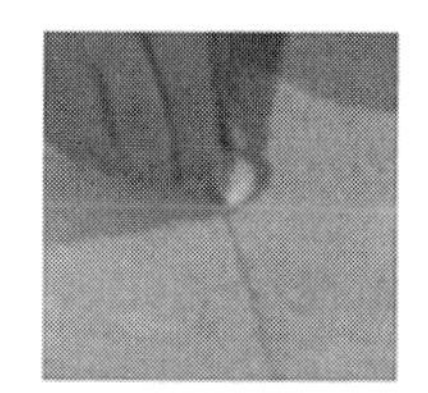  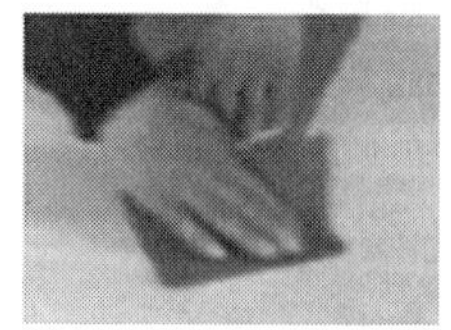 基层处理包括除油污、灰砂、污迹、毛刺、笔线、脱脂、色素褪色及清除暴痕、磨光和除钉等。

续表

步骤	图示及说明
基层处理	如果表面颜色深浅不一致，使用双氧水和氨水配成的溶液，进行色素褪色处理。
施涂底油	在清油中加入适量的醇酸稀料，这样配置的清油较稀，能渗进木材内部，起到防止受潮、变形，增强防腐的作用，并使后道工序嵌批腻子、施涂铅油能很好地与底层粘结。 施涂清漆是涂料施工中最普通的一道工序，往往因为疏忽大意，产生漏刷、流坠、过棱、起皱、施涂不均匀等不应有的现象，因此操作的时候，必须认真严格要求。 注：施涂的次序为先上后下、先左后右、先难后易、先外后里。
嵌批石膏油腻子两遍及打磨	底油干后，即可嵌批石膏油腻子。 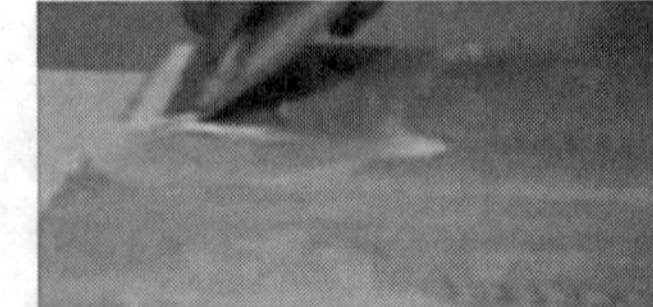 需要先把所有洞眼、裂缝，嵌批严密、整齐。

续表

步骤	图示及说明
磨光	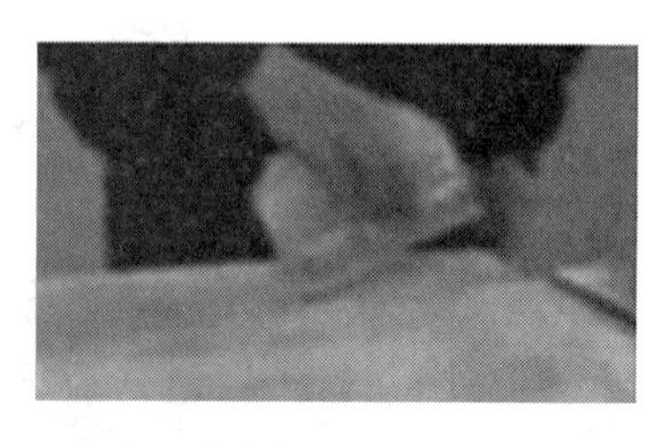 满批腻子时，要顺木纹直线批刮，不可批成圆弧状，收刮腻子要干净，不可有多余腻子残留在物面上。 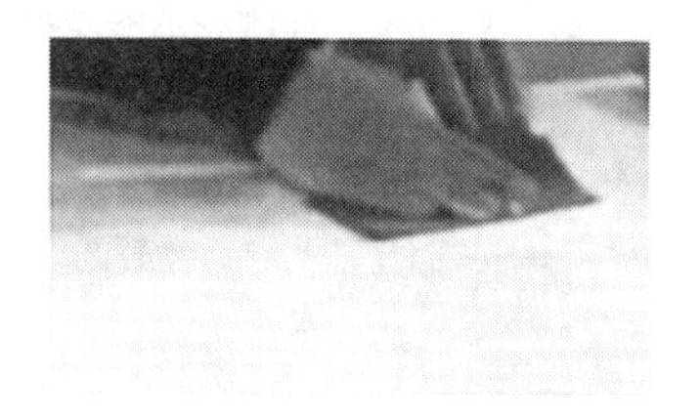 每遍腻子干透以后，都要用 $1\frac{1}{2}$ 号木砂纸，沿木纹打磨。打磨后要求表面平整、光滑，利于下道工序的施涂。
施涂铅油一遍及打磨	   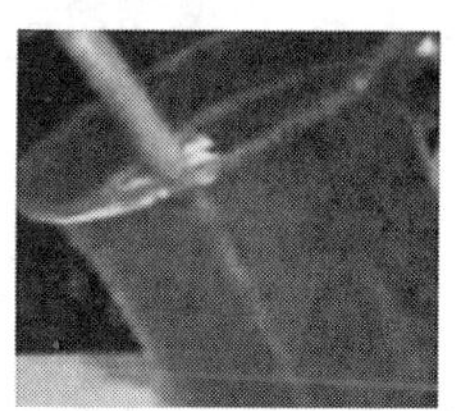 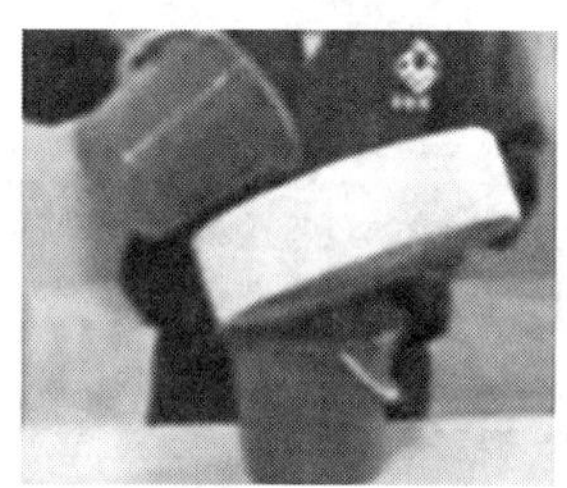  铅油也叫厚漆，首先在厚漆中加入适量醇酸稀料，搅拌均匀，然后用 100 目铜丝罗过滤，除去杂质。

续表

步骤	图示及说明
施涂铅油一遍及打磨	 使用涂施过清油的油漆刷，操作的时候要顺木纹刷，不能横刷或乱涂。线脚处不能涂得过厚，以免产生皱纹、窜珠。另外分色过棱分界线要刷得齐直。 注：经过 24h，铅油干后，用 1 号砂纸或旧砂纸，轻轻打磨到表面光洁为止，打磨的时候要注意不能抹掉铅油而露出木质。打磨后，弹扫干净。
复补腻子及打磨	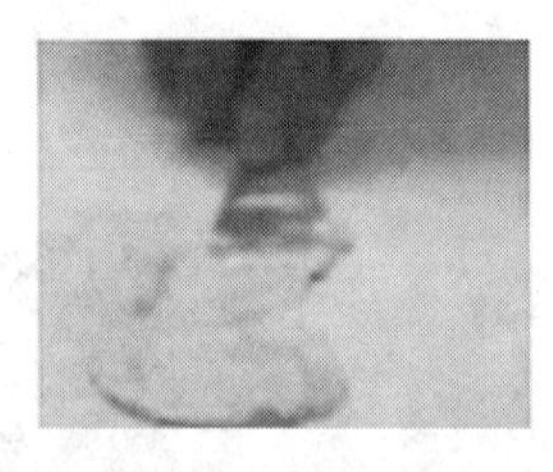 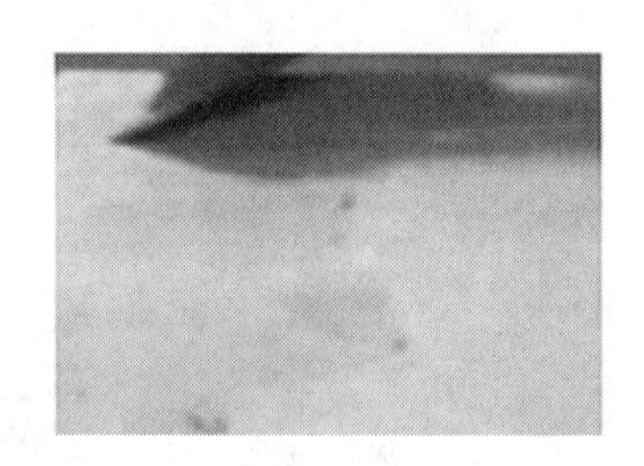 铅油施涂及打磨后，如果还存在部分细小缺陷，其补嵌腻子时，可用加色腻子补嵌，并补刷铅油。  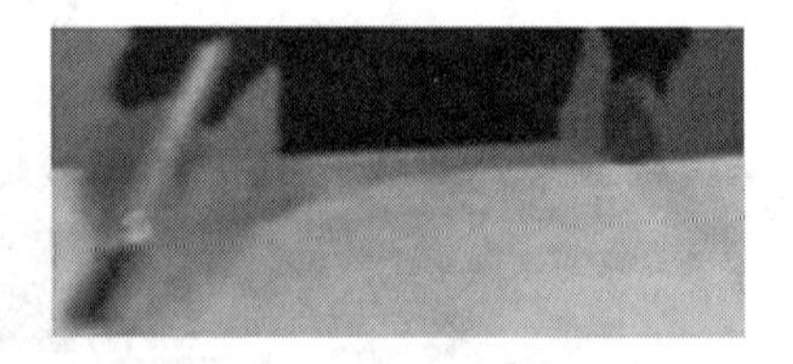 干透后用旧砂纸轻轻地打磨，然后清理。
施涂填光漆一遍及打磨	 

续表

步骤	图示及说明
施涂填光漆一遍及打磨	 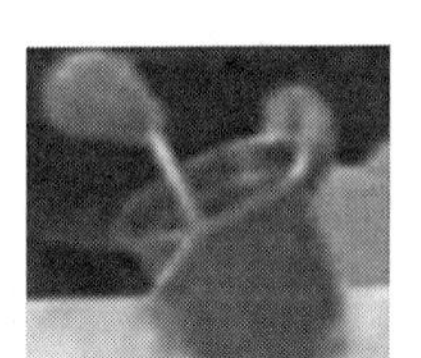   如果面漆使用磁漆罩面，则应该填光（在厚漆中加入醇酸稀料，经过过滤除去杂质，然后再掺入适量的磁漆，即配成了填光漆，这样增加漆内的油料，成活后色泽丰满）。 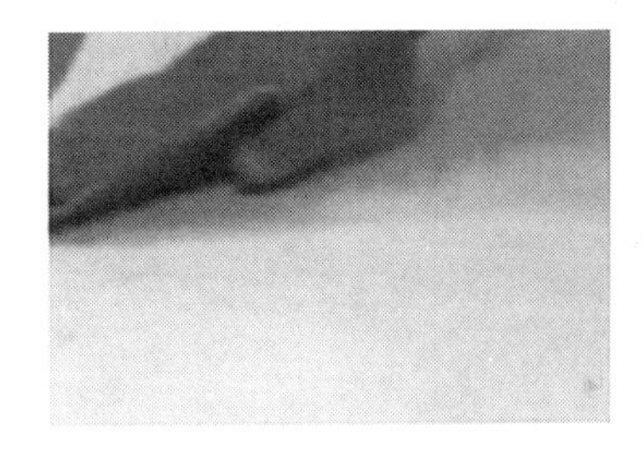 施涂操作要点和施涂铅油一样，干后用已用过的1号木砂纸轻轻打磨，弹净后即可施涂磁漆。
施涂磁漆一遍	 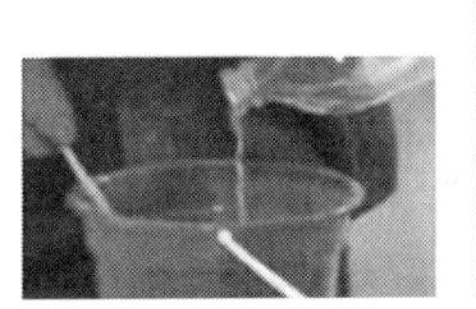  磁漆比较稠，因此在施涂时，必须用施涂过铅油的油漆刷操作，用新油漆刷容易留痕迹。

续表

步骤	图示及说明
施涂磁漆一遍	 油漆刷刷毛不宜过长也不宜过短，过长磁漆不宜刷匀、容易产生皱纹、流坠现象；过短则会产生刷痕，露底等次变。 注：磁漆黏度较大，施涂时要均匀，不露底，做到多刷、多理，仔细检查及时发现弊病，并加以修正。同时还要注意保持好环境卫生，防止污物、灰砂沾污涂膜。
施涂调和漆一遍及打磨	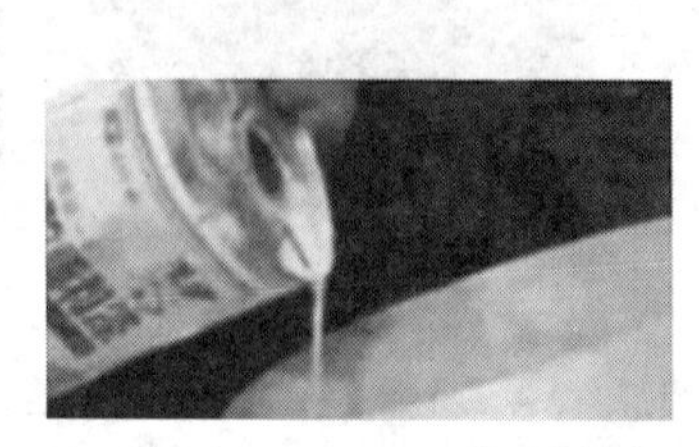  施涂无光漆面时，先施涂调和漆，在调和漆中加入适量醇酸稀料，经过滤以后使用。 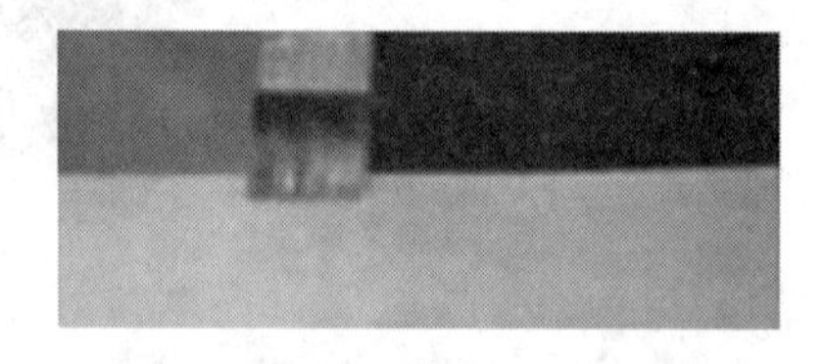 施涂调和漆的时候，要做到均匀不漏底，干后，用已用过的1号砂纸轻轻打磨，弹净以后，再施涂无光漆。
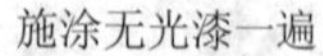施涂无光漆一遍	 无光漆有快干的特点，施涂的主要目的是将原有的光泽刷倒，不显铝光。

续表

步骤	图示及说明
施涂填光漆一遍及打磨	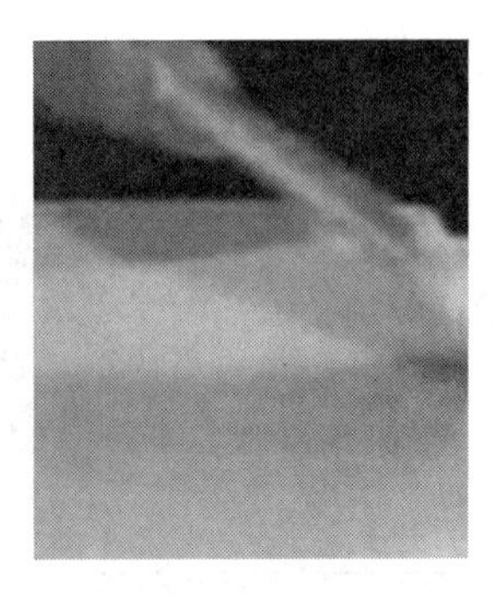 施涂时，动作要迅速，接头处要刷开刷匀，再轻轻理直。 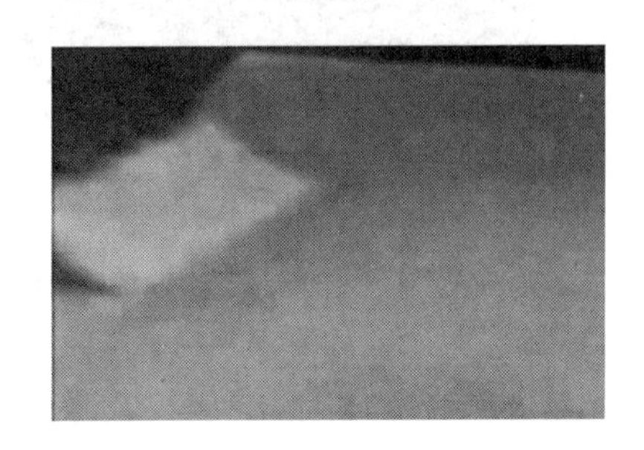 要到一个面全部施涂完后，再施涂下一个面，这样操作不容易出现接缝。 注：无光漆气味大，有微毒，每次操作时间不宜过长，做好几个物面后要休息一下，呼吸新鲜空气，然后再去施涂。

第四节　各色聚氨酯磁漆刷亮与磨退工艺

1. 各色聚氨酯磁漆刷亮工艺

各色聚氨酯磁漆刷亮工艺，见表 6-5。

各色聚氨酯磁漆刷亮工艺 表 6–5

<table>
<tr><th>步骤</th><th>图示及说明</th></tr>
<tr><td>材料准备</td><td>材料准备：与磁漆施涂工艺的用料基本相同（增加彩色聚氨酯磁漆）。
工具准备：与磁漆施涂工艺的工具相同。
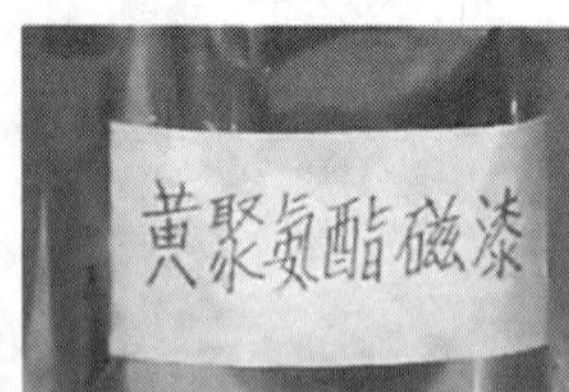</td></tr>
<tr><td>基层处理</td><td>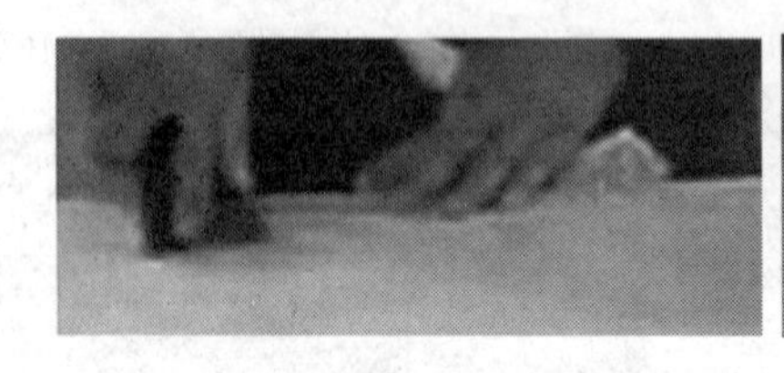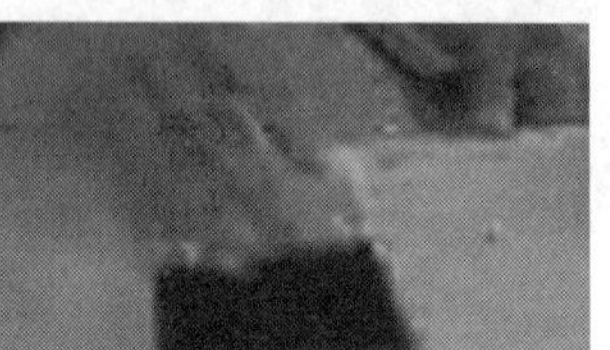
基层处理其操作方法与磁漆基层处理相同。</td></tr>
<tr><td>施涂底油</td><td>基层处理后，可以在清油加入适量的醇酸稀料配成底油，涂刷底漆一遍。
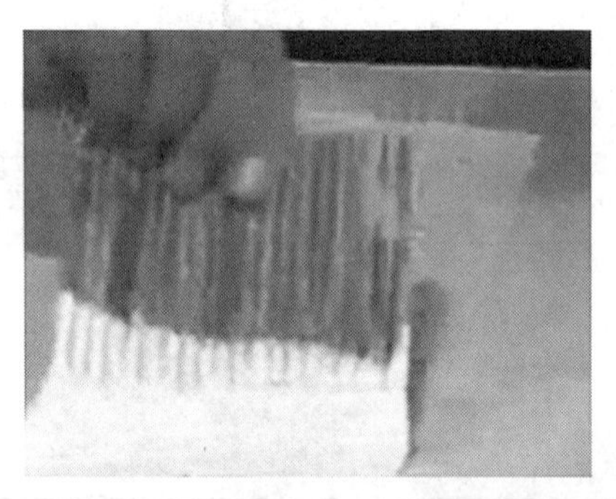

注：这是最普通和最简单的一道工序，往往容易疏忽大意产生漏刷、流淌、皱纹等，因此必须引起重视。</td></tr>
</table>

续表

步骤	图示及说明
嵌批石膏油腻子两遍及打磨	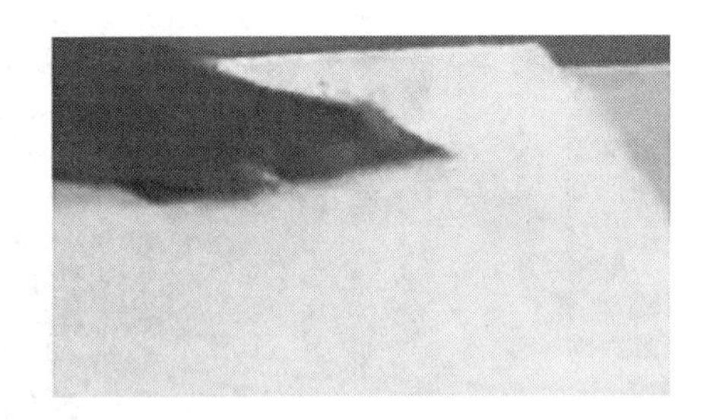 石膏油腻子干好后，仍用 1 号或 $1\frac{1}{2}$ 号木砂纸打磨，其方法与施涂工艺打磨方法相同。 注：待底油干后，嵌批石膏油腻子两遍，嵌批方法与磁漆施工工艺嵌批石膏油腻子相同。
施涂第一遍聚氨酯磁漆及打磨	 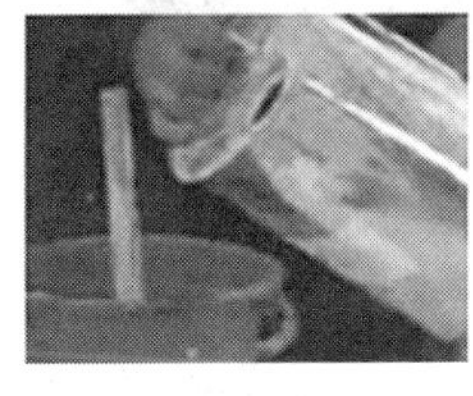   施涂前，先在彩色聚氨酯磁漆中加入适量的固化剂，混合后必须搅拌均匀。

续表

<table>
<tr><th>步骤</th><th>图示及说明</th></tr>
<tr><td>施涂第一遍聚氨酯磁漆及打磨</td><td>
调配时应注意用多少配多少，多配用不完会固化，造成浪费。

施涂时注意涂刷均匀，防止漏刷和流挂等。
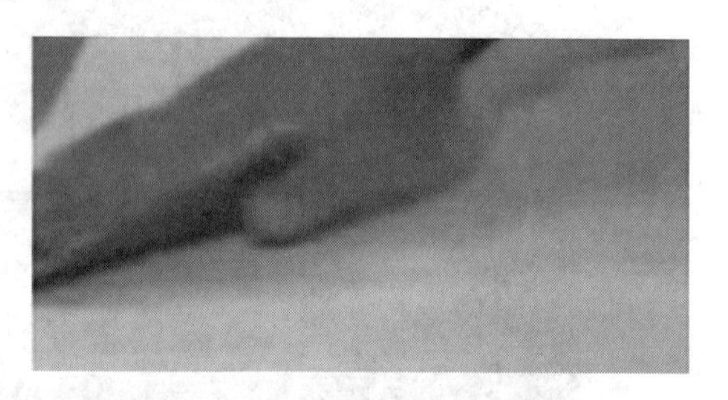
待第一遍聚氨酯磁漆干燥后，用 1 号木砂纸轻轻打磨，弹净。</td></tr>
<tr><td>复补聚氨酯磁漆腻子及打磨</td><td>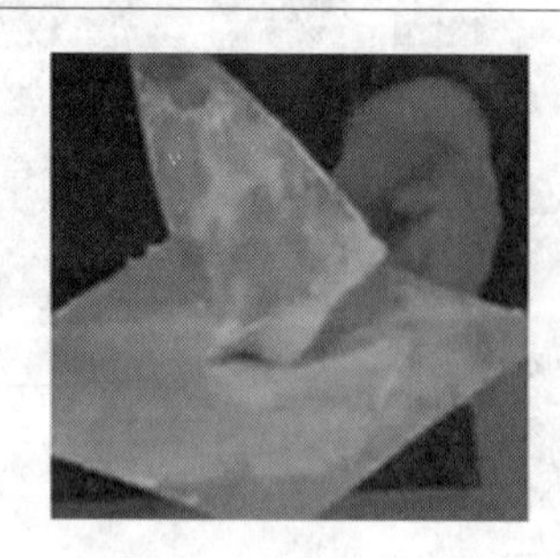 
表面如还有洞缝等细小缺陷，就要用聚氨酯磁漆腻子复补、平整。</td></tr>
</table>

续表

步骤	图示及说明
嵌批石膏油腻子两遍及打磨	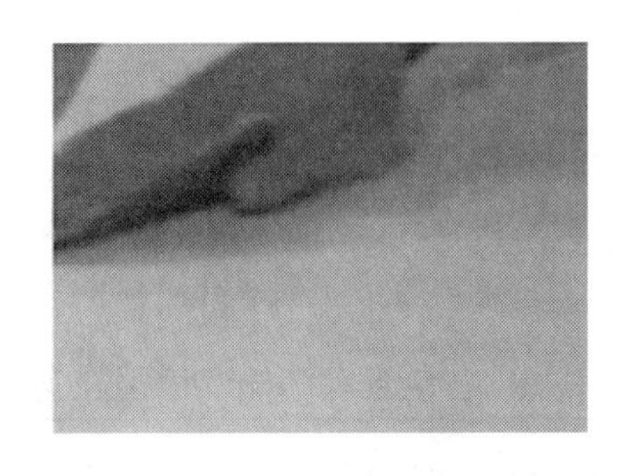 干透以后用 1 号木砂纸打磨平整，并弹干净。
施涂第二、三遍聚氨酯磁漆打磨	 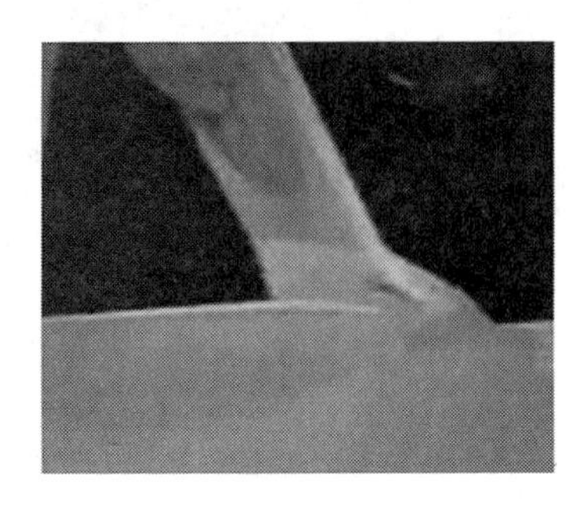 第二、三遍聚氨酯磁漆，除按规定的配比以外，还应根据施工和气候条件，适当调整聚氨酯磁漆和固化剂的用量。施涂第二、三遍的操作方法，与第一遍相同。 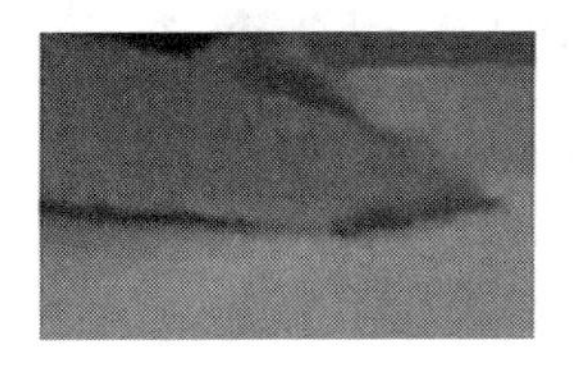 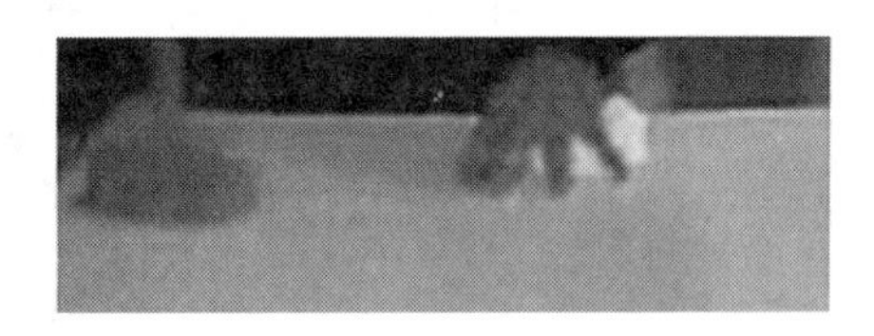 待第三遍聚氨酯磁漆干燥后，要用 280 号水砂纸，将涂膜表面的细小颗粒和油漆刷毛等打磨平整、光滑，并揩抹干净。
施涂第四、五遍聚氨酯磁漆 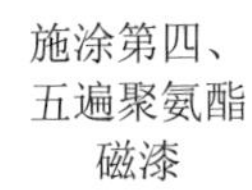	施涂要求无漏刷、无流坠、无刷纹、无气泡。  注：施涂第四、五遍聚氨酯磁漆，施涂物面要求洁净，施涂方法与前面基本相同，但是要求第五遍最好能在第四遍涂膜还没有完全干透的情况下就接着刷，以利于涂膜的相互黏结和涂膜的丰满以及平整。

2. 各色聚氨酯磁漆磨退工艺

各色聚氨酯磁漆磨退工艺需要在各色聚氨酯磁漆刷亮工艺的基础上，增加以下工序，详见表 6-6。

各色聚氨酯磁漆磨退工艺　表 6-6

步骤	图示及说明
磨光	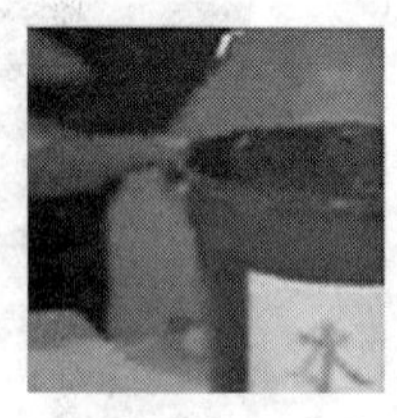 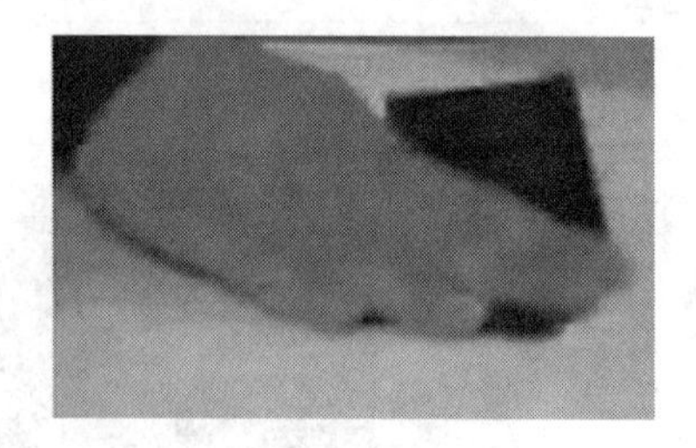 在第四、五遍聚氨酯磁漆干透后，用 280 ～ 320 号水砂纸打磨平整（打磨的时候用力要均匀，要求把大约 70% 的光磨倒）。 打磨后揩净浆水。 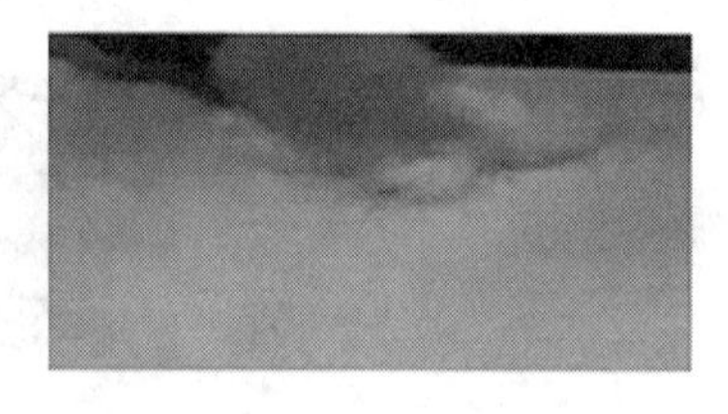 注：其操作方法和要求与上遍磨光工序相同。
施涂第六、七遍聚氨酯磁漆	 施涂第六、七遍聚氨酯磁漆是磨退工艺的最后两遍罩面漆，其涂刷、操作方法同上，同时也要求第七遍面漆在第六遍面漆的涂膜还没有完全干透的情况下接连涂刷，以利于涂膜丰满平整。在磨退中，不宜被磨穿或磨透。

续表

步骤	图示及说明
磨退	干透以后用 1 号木砂纸打磨平整，并弹干净。 注：要求用力均匀，达到平整、光滑、细腻，把涂膜表面的光泽全部磨倒并揩抹干净。
打蜡、抛光	打蜡、抛光的操作方法，与聚氨酯清漆的打蜡、抛光方法相同。

第五节　丙烯酸木器清漆刷亮与磨退工艺

1. 丙烯酸木器清漆刷亮工艺

丙烯酸木器清漆刷亮工艺，见表 6-7。

丙烯酸木器清漆刷亮工艺 表 6-7

<table>
<tr><th>步骤</th><th>图示及说明</th></tr>
<tr><td>材料准备</td><td>用料增加 PH_2-1 型双组份丙烯酸亚光木器清漆、醇酸清漆、熟石膏等材料。

</td></tr>
<tr><td>基层处理</td><td>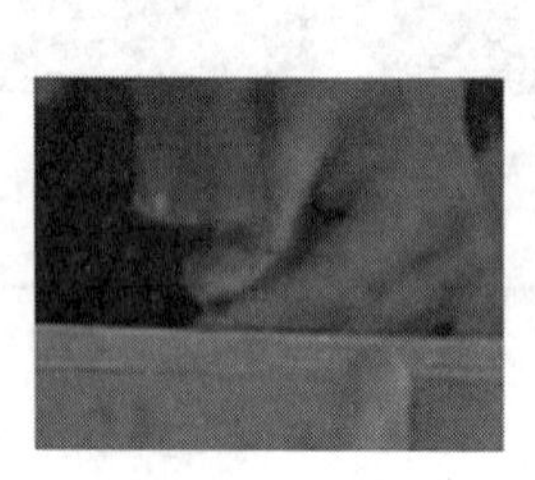
基层处理与前面介绍的基本相同，木器制品如果存在明显钉头一定要彻底打进去。
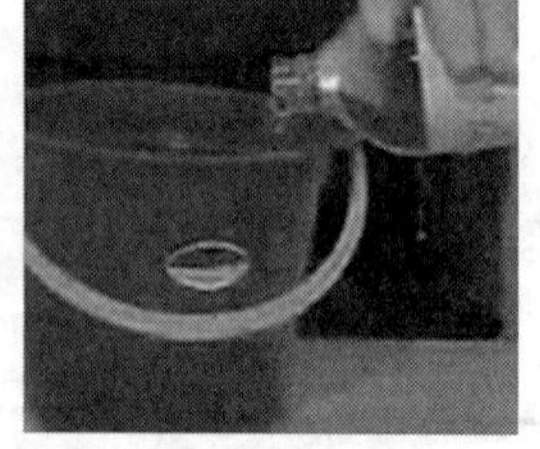
如果木器表面颜色深浅不一，要用双氧水、氨水和水配成溶液，对表面进行褪色素处理。</td></tr>
</table>

续表

步骤	图示及说明
基层处理	  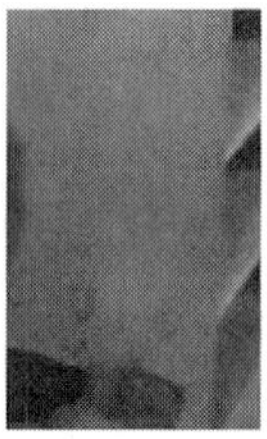 然后打磨平整，清扫干净。
虫胶清漆打底	用虫胶：酒精＝1∶5～6的虫胶清漆涂刷一遍。 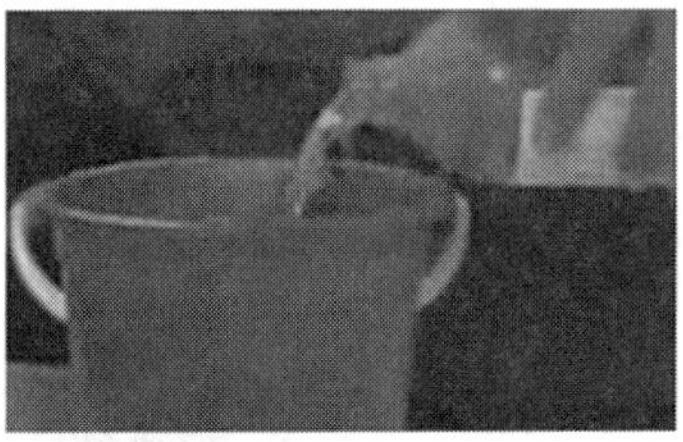  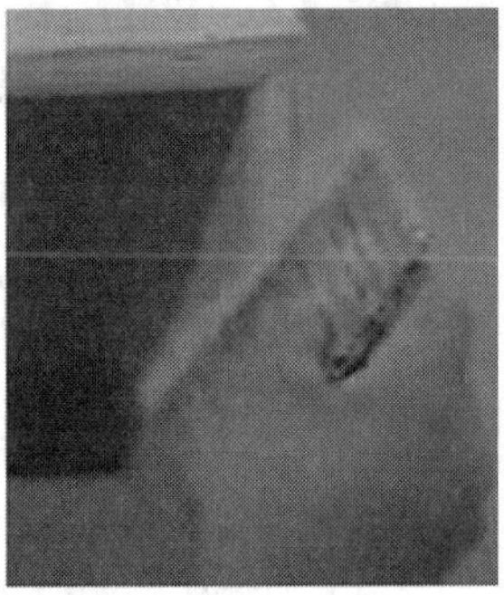 注：虫胶清漆打底的目的是使木毛竖起变硬后，容易打磨；另一方面是封底和嵌补虫胶清漆腻子，不宜显疤。

续表

<table>
<tr><th>步骤</th><th>图示及说明</th></tr>
<tr><td>嵌批虫胶清漆腻子及打磨</td><td>  
对木制品表面存在的较大的洞缝等缺陷，先用虫胶清漆和熟石膏调拌的腻子进行嵌补。
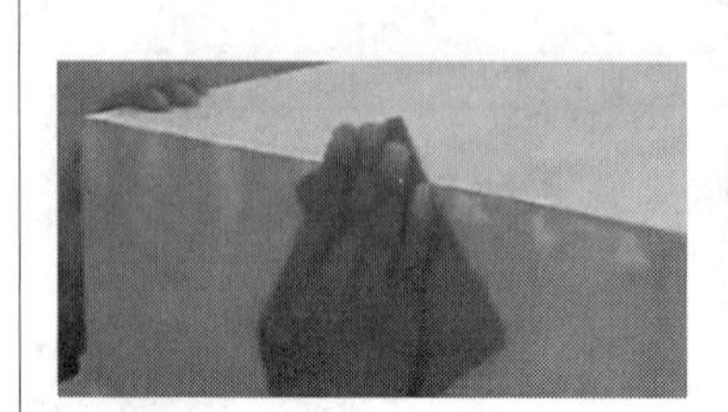 
干燥后再满批虫胶清漆腻子 1 ～ 2 遍，操作方法与前面介绍的嵌批虫胶清漆腻子相同，等腻子干透以后，用 1 号木砂纸打磨、弹净。</td></tr>
<tr><td>润粉及打磨</td><td> 
先用水粉全面揩擦一遍，将松眼等细小缝隙揩涂饱满。
揩涂油粉时，要纵横旋转，呈圈形进行，使松眼充分填实。然后趁粉浆未干之前，再用洁净的竹花擦净余粉，最后顺木纹理顺揩直，应注意不允许有横、斜和圈擦的痕迹，使表面颜色均匀一致。</td></tr>
</table>

续表

步骤	图示及说明
润粉及打磨	待干以后，用旧的0号木砂纸轻轻打磨一遍，并弹扫干净。 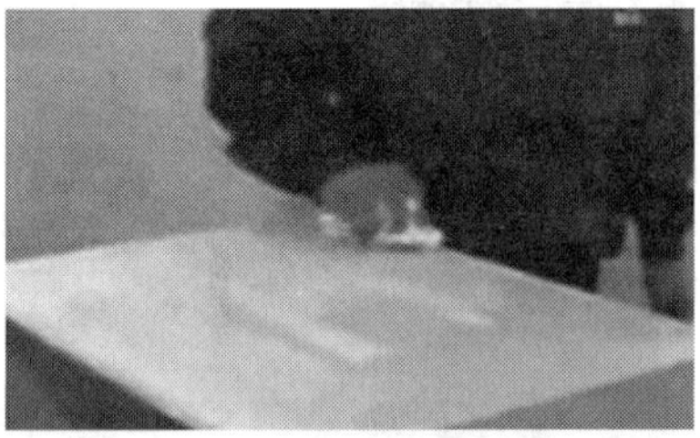   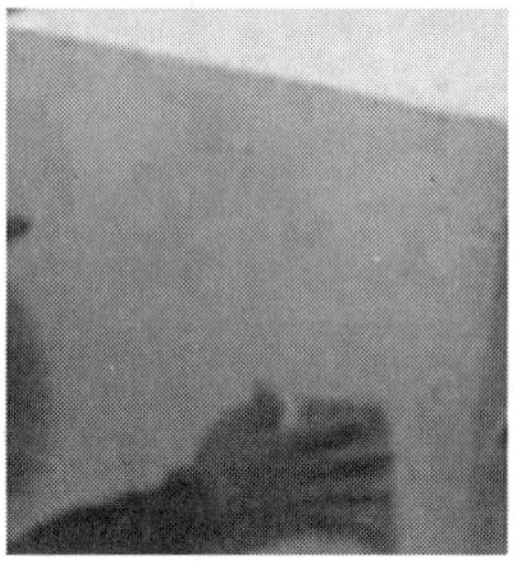 注：润粉的主要作用是填孔、着色，调配水粉的颜色要与样板的颜色近似。
施涂醇酸清漆两遍	 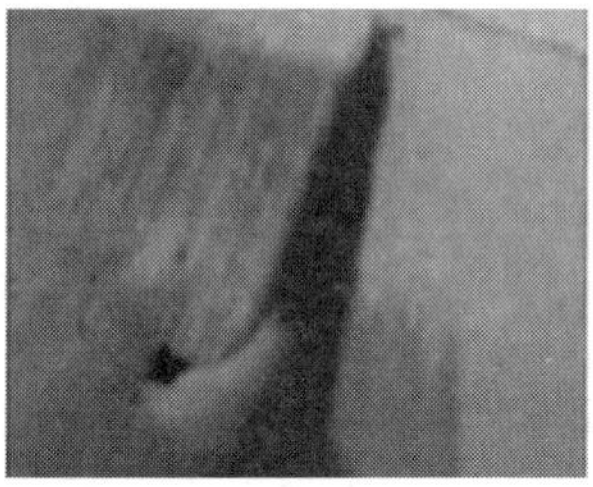  用加入醇酸稀料稀释后的醇酸清漆，施涂第一遍。施涂要顺木纹刷齐、理顺、理直，不得有漏刷和流淌等现象（这道工序能起到封闭色层的作用）。

续表

步骤	图示及说明
施涂醇酸清漆两遍	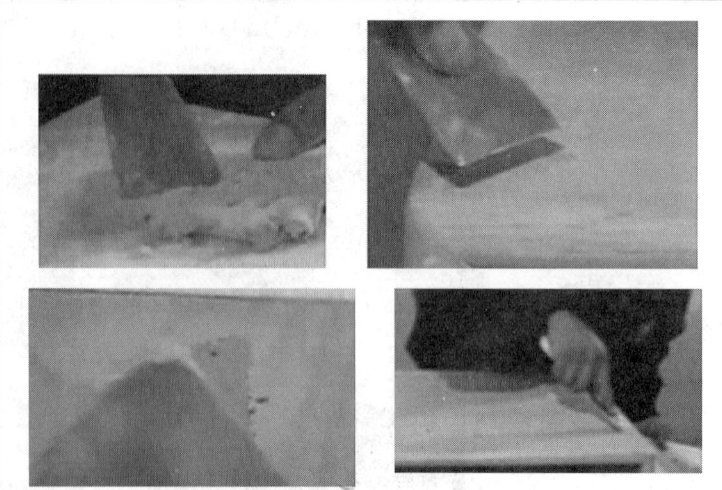 待第一遍醇酸清漆干透，用 0 号木砂纸打磨以后，对局部还存在细小缺陷的要复补醇酸清漆腻子。 同时要检查木制品表面的色泽，是否符合样板的色泽。一般应比样板略浅为宜。  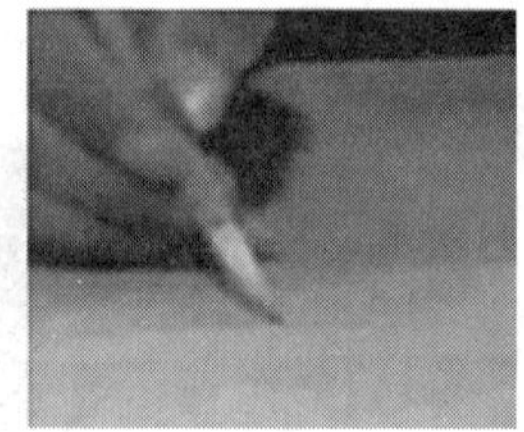 对小部分色泽略浅或不匀的地方，可用揩笔蘸所需的颜色，进行修色。   然后用醇酸稀料稀释后的醇酸清漆，施涂第二遍。施涂操作要求，与第一遍相同。

续表

<table>
<tr><th>步骤</th><th>图示及说明</th></tr>
<tr><td>打磨及复补醇酸清漆腻子再打磨</td><td>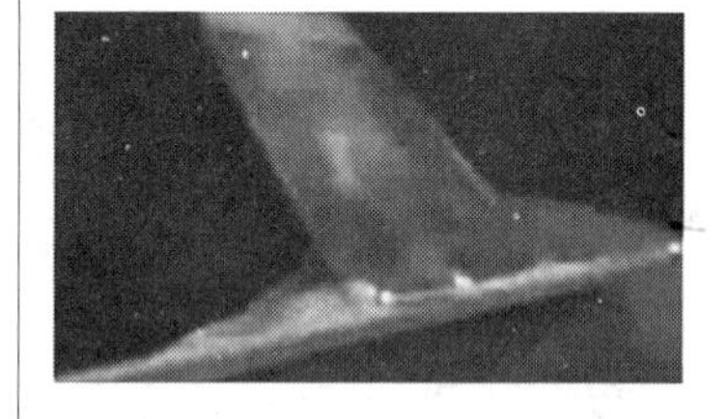 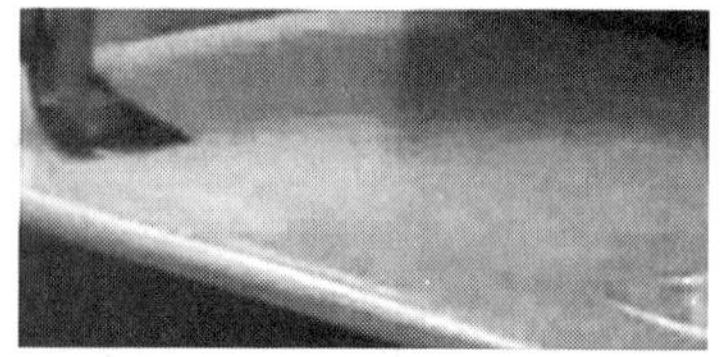
待醇酸清漆干透以后打磨，在打磨的过程中，要仔细检查，有否遗漏的局部细小缺陷，如果有，要用醇酸清漆腻子复补平整，待干后，再打磨，并清理干净。</td></tr>
<tr><td>施涂第一至三遍丙烯酸清漆</td><td>一般的丙烯酸木器清漆刷亮工艺的罩面漆要施涂三遍，为了加快漆膜的干燥速度，要在丙烯酸木器清漆中加入适量的硝基稀料，并搅拌均匀。

施涂时，用羊毛排笔顺木纹方向刷到、刷匀，并且理顺、理直。同时，每遍施涂不宜过厚，过厚会咬起下层的涂膜。
 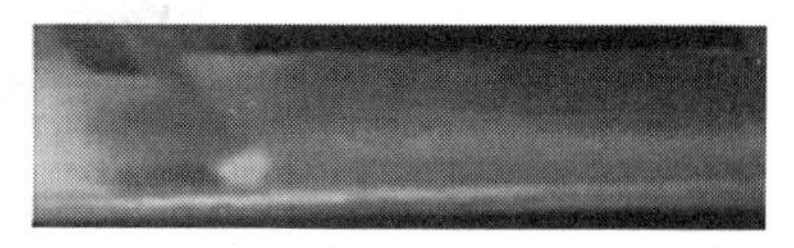
注：每遍涂膜干透后，即用 280 ～ 320 号水砂纸打磨，如间隔时间太长，涂膜干硬，会影响打磨。</td></tr>
</table>

2. 丙烯酸木器清漆磨退工艺

丙烯酸木器清漆磨退工艺需要在丙烯酸木器清漆刷亮工艺的基础上，增加以下工序，详见表 6-8。

丙烯酸木器清漆磨退工艺　　表 6-8

步骤	图示及说明
磨光	 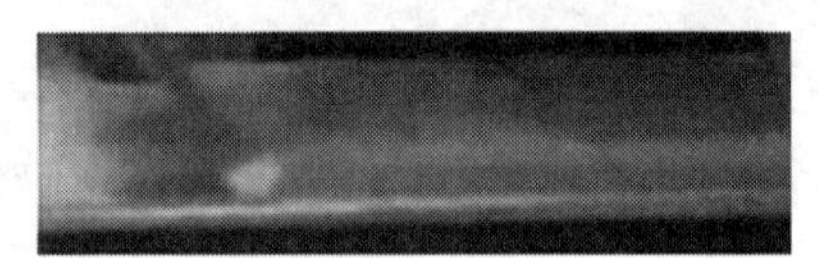 第三遍丙烯酸木器清漆施涂干燥以后，用 280 ～ 320 号水砂纸打磨，要把 70% 的光磨倒，揩去浆水，并用清水揩抹干净。
施涂第四、五遍丙烯酸木器清漆	  施涂第四、五遍丙烯酸木器清漆，施涂方法同上，待第一遍面漆干透后，用 280 ～ 320 号水砂纸打磨，并揩干净，然后再施涂第二遍面漆。

续表

步骤	图示及说明
磨退	最后一遍面漆施涂后，待 7d 左右充分干透，再用 400 ～ 500 号水砂纸蘸肥皂水打磨，要求抹掉涂膜表面不平处及细小颗粒。
打蜡、抛光	把浆水揩抹干净后，顺木纹方向擦砂蜡，并且用抛光机抛光。其操作方法与聚氨酯清漆抛光方法相同。  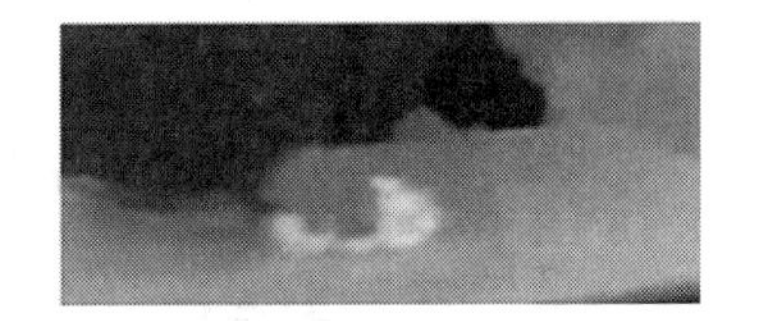 抛光后再用油蜡擦亮。

第六节　硬木地板聚氨酯耐磨清漆工艺

硬木地板聚氨酯耐磨清漆工艺，见表 6-9。

硬木地板聚氨酯耐磨清漆工艺　　表 6–9

步骤	图示及说明
准备工作	  材料准备：与聚氨酯清漆理平见光工艺相比，增加聚氨酯耐磨清漆。 工具准备：与聚氨酯清漆理平见光工艺用具基本相同。
基层处理	 硬木地板材料必须干燥，铺保平整、光滑，无暴刀痕迹，去除油污和拼缝内的灰砂等脏污，并用打磨机顺木纹打磨。 如果地板表面颜色深浅差别大的时候，用双氧水、氨水和水配成溶液进行处理。 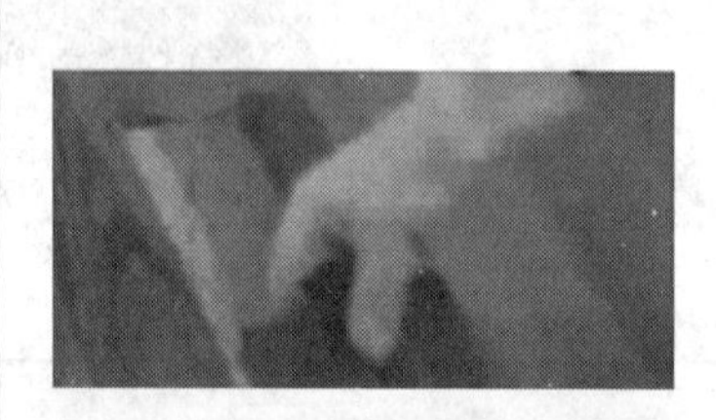 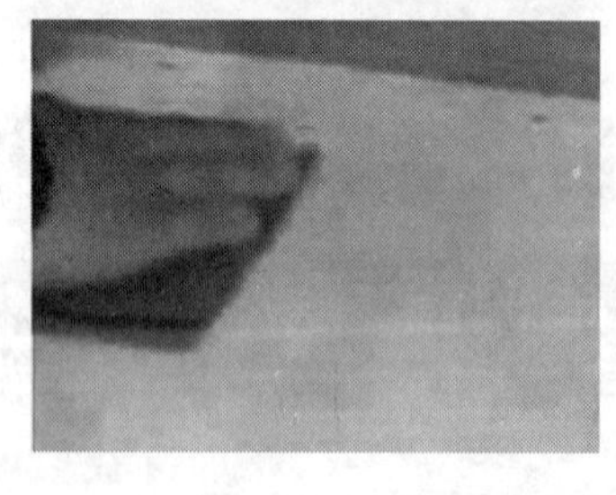  用 $1\frac{1}{2}$ 号木砂纸对边角进行打磨，并弹扫干净。

续表

步骤	图示及说明
施涂底油及打磨	  施涂时，先踢脚线后地板大面，应从房间内角开始，按顺序退向门口。 注：底油可用虫胶：酒精＝1：6 调配而成的虫胶清漆。底油干燥后，用 1 号木砂纸顺木纹打磨，并弹扫干净。
嵌批石膏腻子两遍及打磨	 石膏油腻子可用石膏粉、颜料、腻子油加水调配而成。注意石膏油腻子中的油量要适量增加，以增强腻子的附着力和耐磨强度。 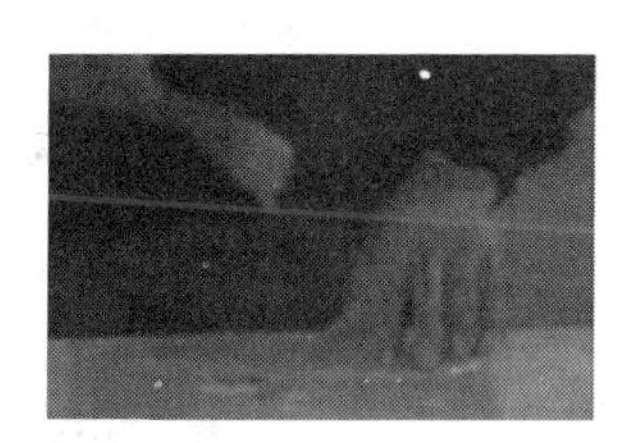 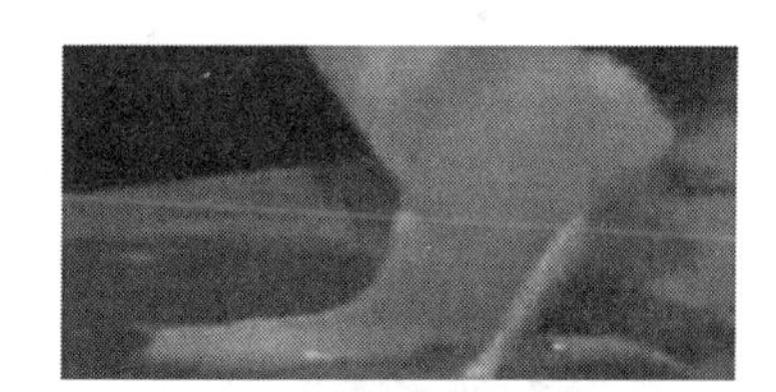 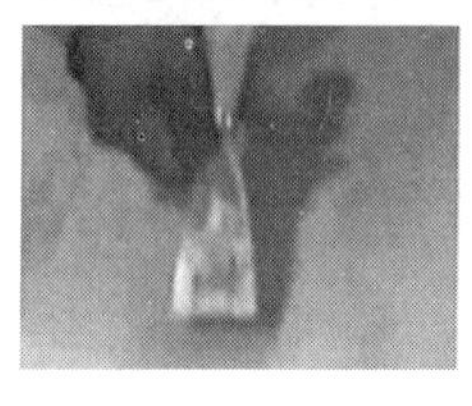 对较大的拼缝、洞眼等缺陷，先用较硬的石膏油腻子嵌补平整，干燥后，再满批腻子。

续表

<table>
<tr><th>步骤</th><th>图示及说明</th></tr>
<tr><td>施涂醇酸清漆两遍</td><td>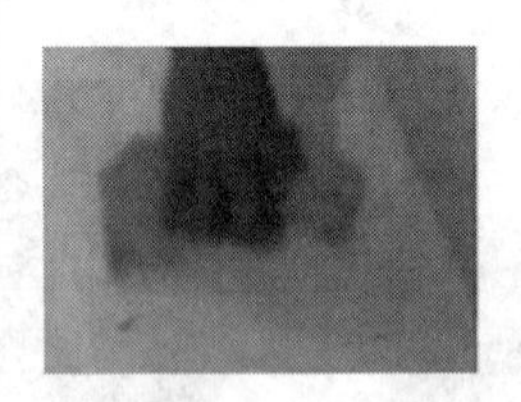 
满批腻子时，应先将腻子倒在地板上，呈条状，用钢皮坯板顺木纹方向嵌批，同时要边嵌批边将多余的腻子收刮干净。
注：对正方形、人字形、对角线形等方法铺贴的硬木地板，也一定要顺木纹方向进行嵌批。
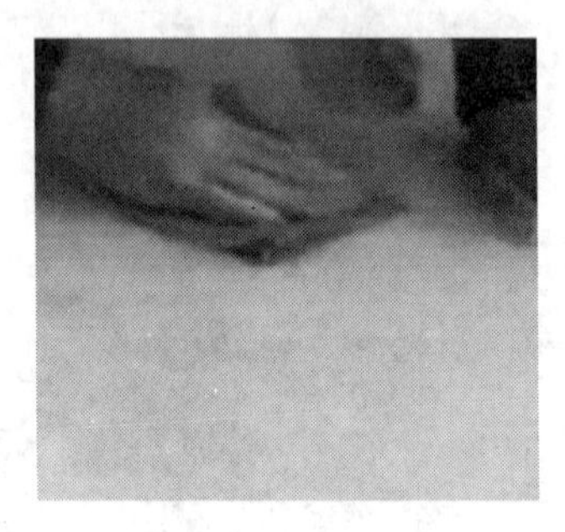
待腻子干透以后，用 $1\frac{1}{2}$ 号木砂纸顺木纹方向打磨，弹扫以后用湿抹布揩净。</td></tr>
<tr><td>施涂耐磨清漆三遍及打磨</td><td>施涂第一遍耐磨清漆，过 1 ～ 2d 待涂膜干燥以后，用已用过的 1 号木砂纸打磨，并弹扫干净。同时检查地板和踢脚板的颜色，与样板颜色是否相似，如相差较大要进行拼色或修色。第二、三遍的施涂方法，与第一遍相同，每遍干透后，都要打磨平整。
 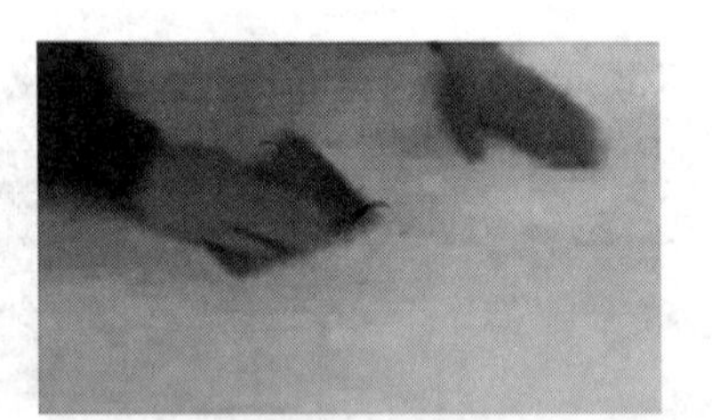
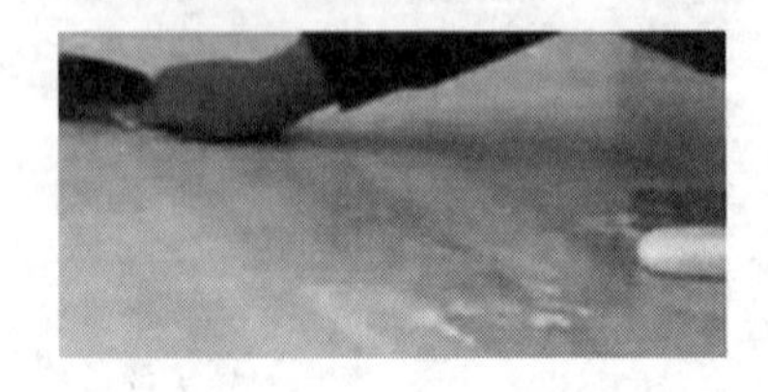
注：如施涂面积较大，需要安排操作人员，相互配合作业。</td></tr>
</table>

续表

步骤	图示及说明
上蜡及打蜡	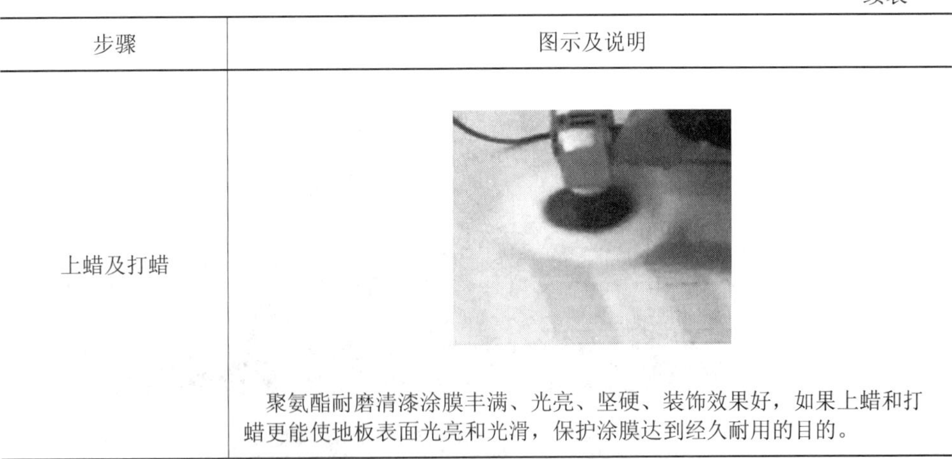 聚氨酯耐磨清漆涂膜丰满、光亮、坚硬、装饰效果好，如果上蜡和打蜡更能使地板表面光亮和光滑，保护涂膜达到经久耐用的目的。

第七节　喷涂装饰工艺

1. 浮雕喷涂工艺

浮雕喷涂工艺，见表 6-10。

浮雕喷涂工艺　　表 6-10

步骤	图示及说明
材料准备	浮雕喷涂使用的主要材料，有浮雕喷涂专用粉料及其配套胶、普通水泥或白水泥等。

续表

步骤	图示及说明
工具准备	 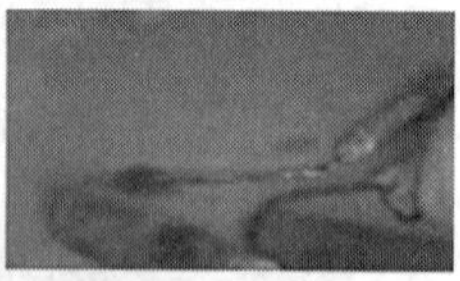 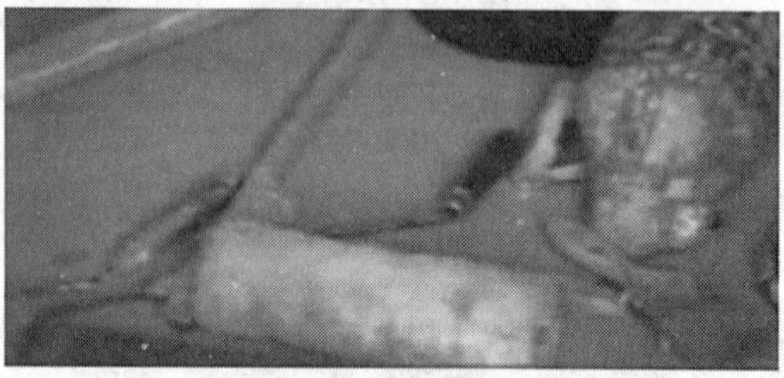  备好空气压缩机、喷枪、压辊、滚刷、挖勺、油灰刀、刮板和砂纸等。
基层处理	 使用油灰刀把基层表面的灰砂、杂质等铲刮平整、缝洞里的灰砂也要清理干净。

续表

<table>
<tr><th>步骤</th><th>图示及说明</th></tr>
<tr><td>嵌批、满批腻子</td><td>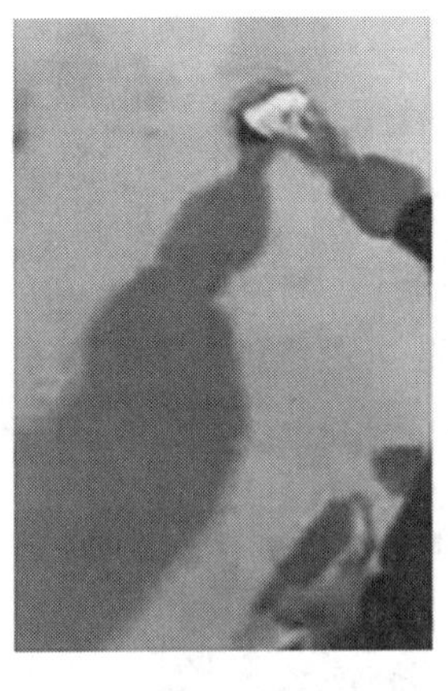 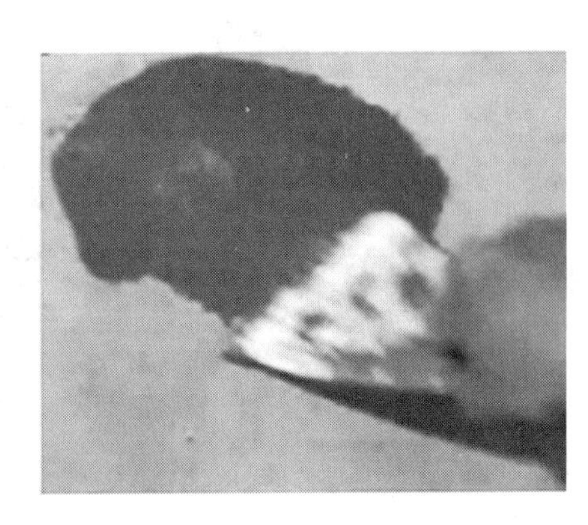
使用水泥加界面剂胶配成的腻子，先把基层表面的洞、缝和低坑处嵌批平整。

嵌批腻子干燥以后，再满批腻子，腻子要批得平整，收刮干净。
满批腻子干燥后，用 1 号木砂纸粗磨，并弹扫干净。</td></tr>
<tr><td>涂刷界面剂</td><td>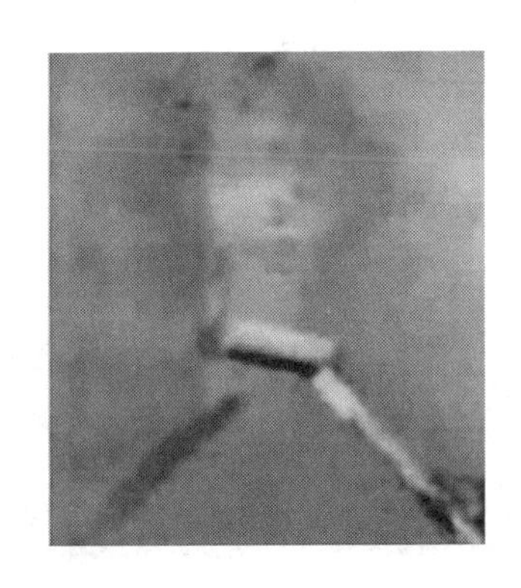
为了增加涂料与墙面基层的粘结力，均匀地涂刷一层界面剂。</td></tr>
</table>

续表

<table>
<tr><th>步骤</th><th>图示及说明</th></tr>
<tr><td>喷涂</td><td> 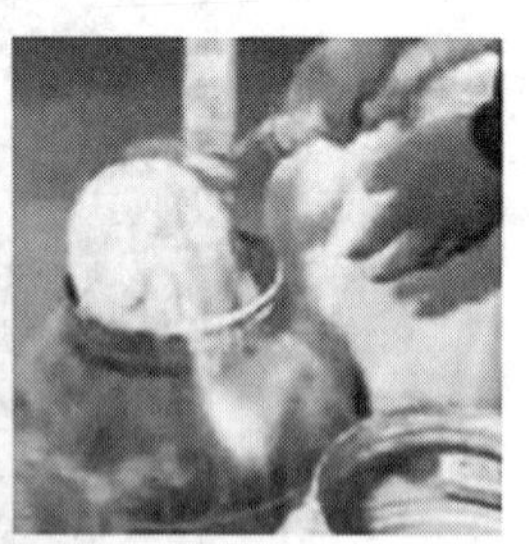 
喷涂作业前，首先配料，浮雕粉料与配套胶的比例为 3 ∶ 1，加水适量，经过搅拌，呈粥状的涂料。

喷涂时，根据浮雕花纹的大小，来选择适当的喷嘴直径。喷枪的气压，一般控制在 0.8 ～ 1MPa，喷嘴掌握在 300mm 左右。
 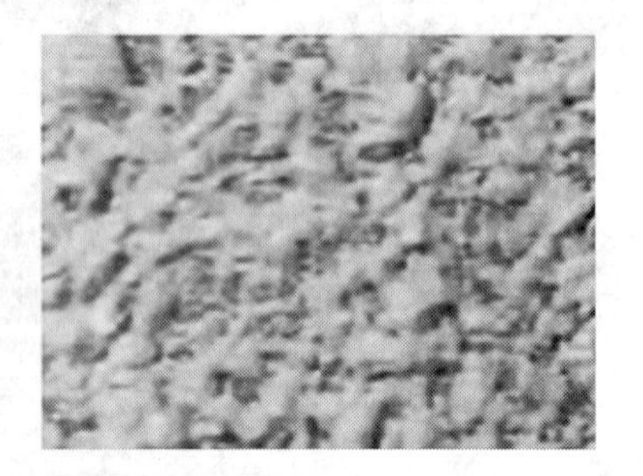
喷枪要垂直于墙面，这样喷涂出来的浮雕花纹效果良好。</td></tr>
</table>

续表

<table>
<tr><th>步骤</th><th>图示及说明</th></tr>
<tr><td>滚压浆料</td><td>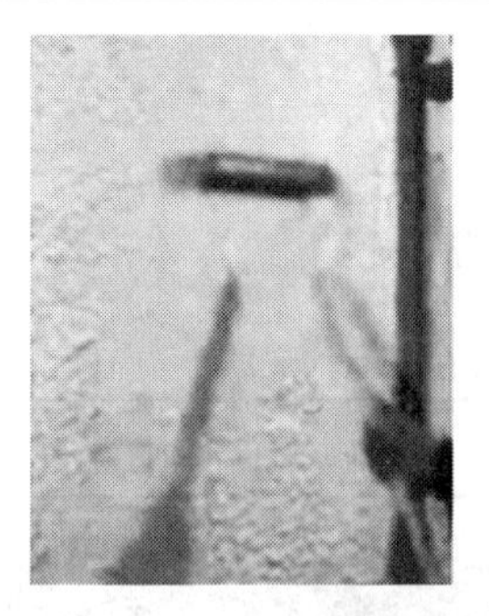 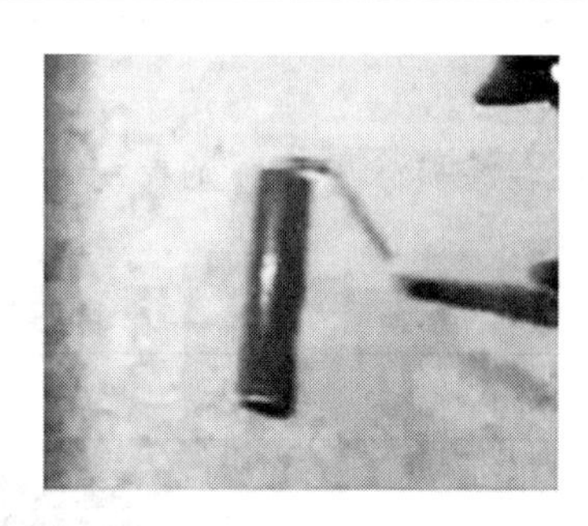
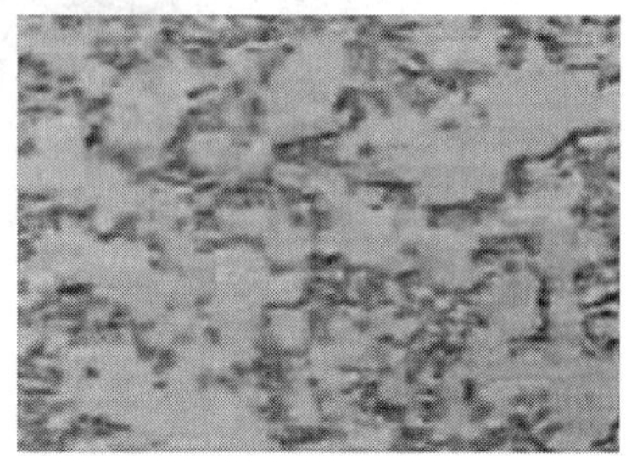
喷涂层在六成干时，用滚筒蘸水，滚压涂层。这样就形成光滑的花纹，显出漂亮的浮雕效果。</td></tr>
<tr><td>涂刷面料</td><td>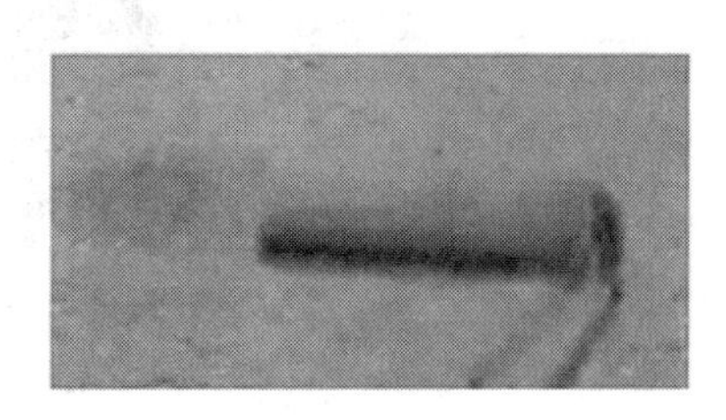 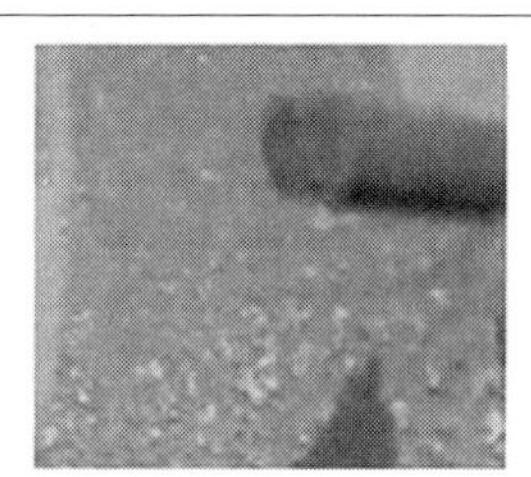
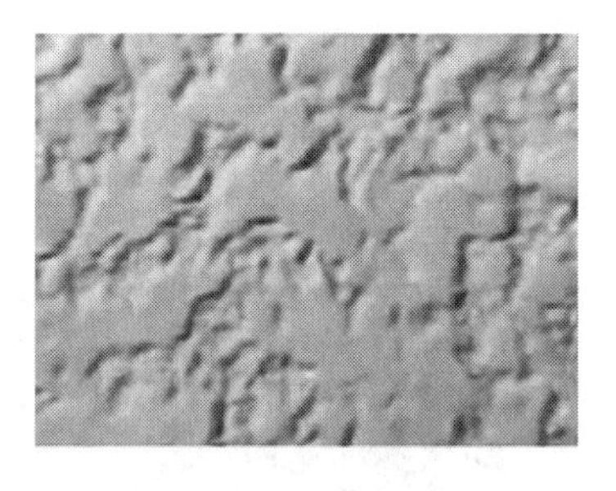
在浮雕花纹干透以后，要涂刷面料 2 ～ 3 遍。面料有无光、半无光和有光之分，以及面料颜色都要根据用户要求选择。涂刷时要注意，在每遍干透后才能涂下一遍。浮雕喷涂，可以达到抗污染、抗老化、经久耐用、装饰美观的效果。</td></tr>
</table>

2. 真石漆喷涂工艺

真石漆喷涂工艺，见表 6-11。

真石漆喷涂工艺　　表 6-11

步骤	图示及说明
材料准备	 用料主要是采用天然真石彩色原料。
工具准备	 与浮雕喷涂工具相同。
基层处理	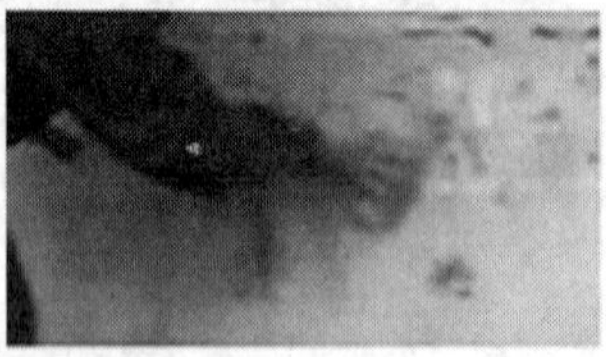 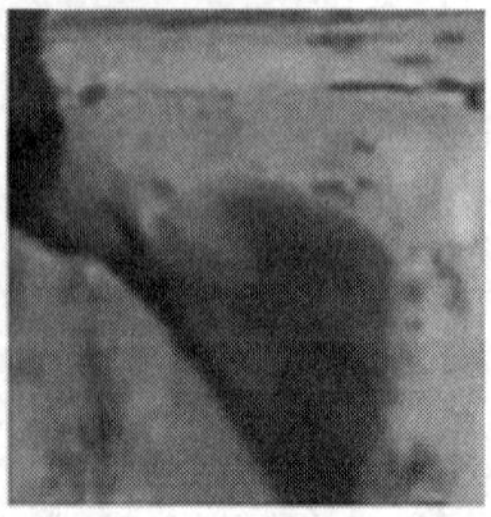 基层处理与浮雕喷涂的要求相同。

续表

步骤	图示及说明
嵌批、满批腻子及打磨	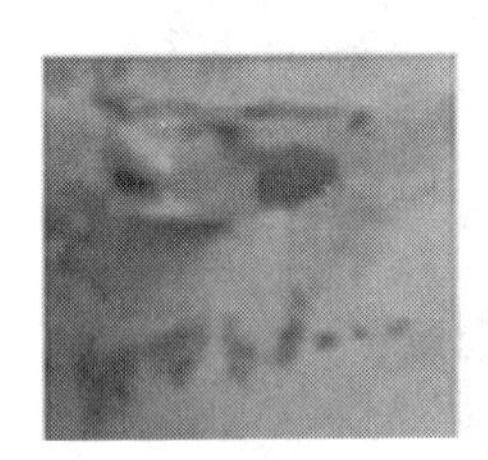  基层处理之后，根据墙面基层的状况，首先嵌批腻子，把局部的较大缺陷嵌批平整。 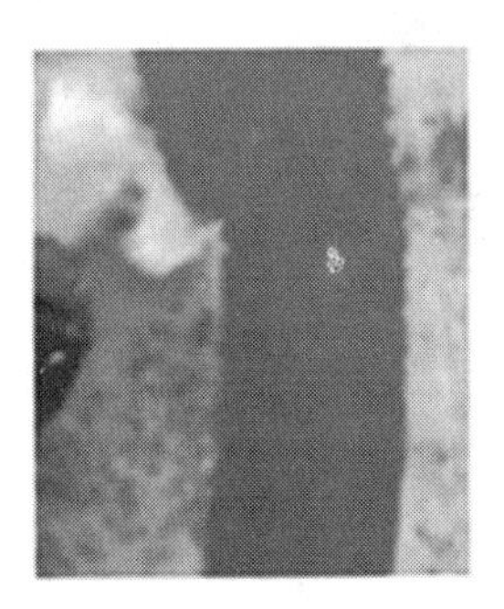 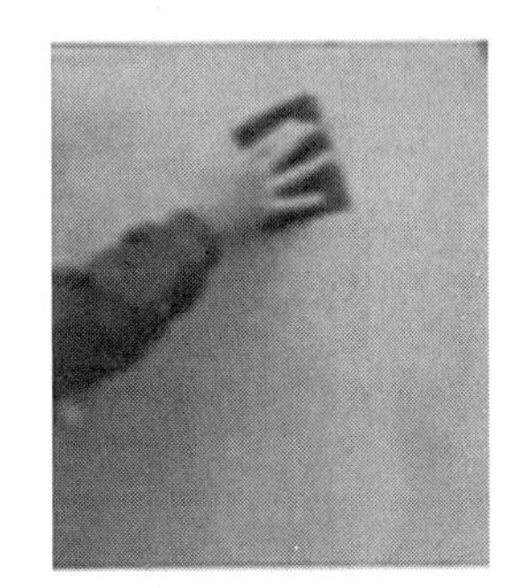 然后再满批腻子，操作要求与浮雕喷涂相同。　　最后打磨。
 喷涂	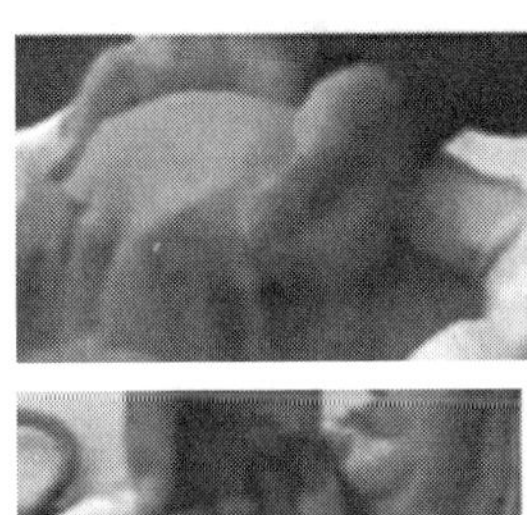 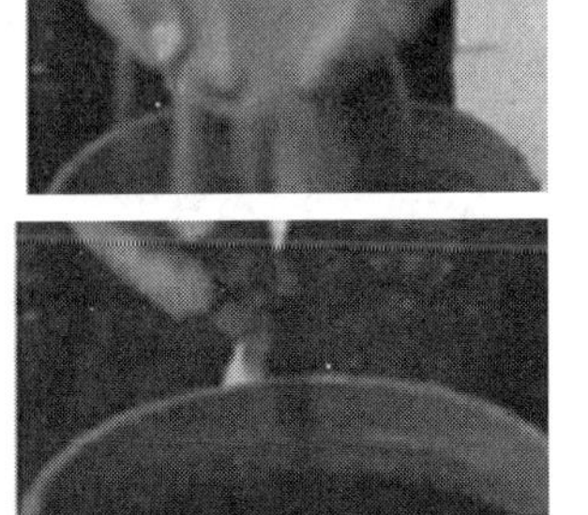  喷涂前首先配料，将天然真石彩色原料加到真石漆无色香料中（加入彩色料的比例要根据样板色调的要求来掌握）。

续表

<table>
<tr><th>步骤</th><th>图示及说明</th></tr>
<tr><td>喷涂</td><td>
使用搅拌机搅拌均匀，形成可喷涂的粥状涂料。

根据用户对质量的要求，一般喷涂 2 ~ 3 遍，每遍干了以后再喷下一遍。
注：喷枪的压力、喷嘴直径的选择、操作要点与浮雕喷涂基本相同。</td></tr>
<tr><td>刷涂罩光漆</td><td>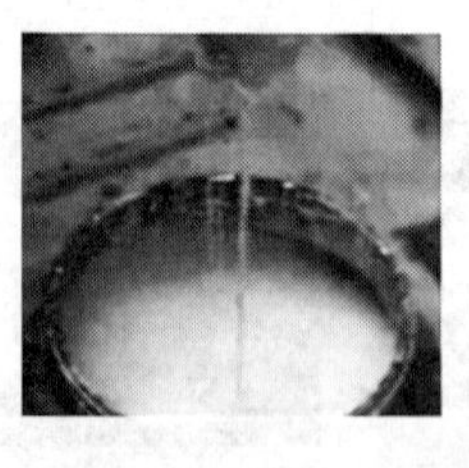 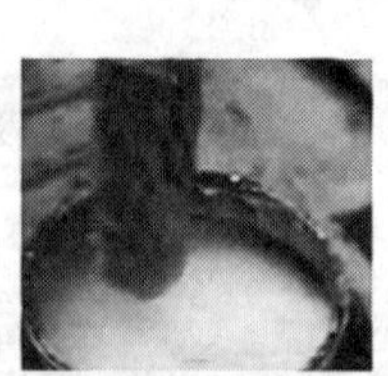 
真石喷涂层干了以后，使用罩光漆最后再刷涂一遍，刷涂要均匀，厚薄一致，干燥后，形成光滑的薄膜。
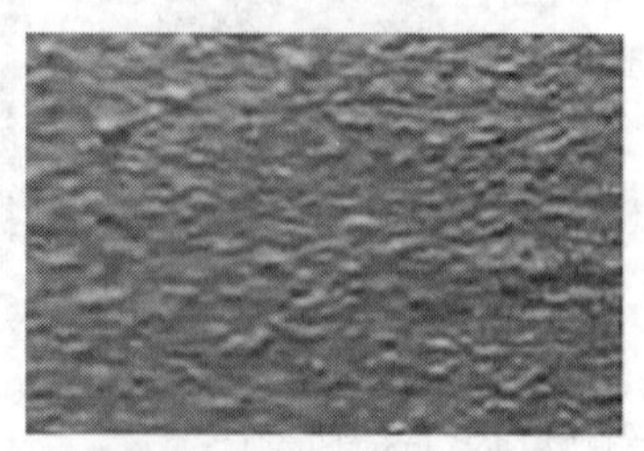
采用天然真石彩色喷涂具有抗污染、耐腐蚀、不褪色、好清洗等一系列优点。</td></tr>
</table>

第七章　施工质量要求及冬期施工的注意事项

第一节　涂饰工程的质量要求

1. 水性涂料涂饰工程

(1) 水性涂料涂饰工程主控项目检验

水性涂料涂饰工程主控项目检验应符合表7-1的规定。

水性涂料涂饰工程主控项目检验　　表7-1

项目	质量要求	检验方法
检验方法	水性涂料涂饰工程所用涂料的品种、型号和性能符合设计要求	检查产品合格证书、性能检测报告和进场验收记录
颜色、图案	水性涂料涂饰工程的颜色、图案应符合设计要求	观察
基层处理	1）新建筑物的混凝土或抹灰基层在涂饰涂料前应涂刷抗碱封闭底漆。 2）旧墙面在涂饰涂料前应清除疏松的旧装修层，并涂刷界面剂。	观察、手摸检查、检查施工记录

续表

项目	质量要求	检验方法
基层处理	3）混凝土或抹灰基层涂刷溶剂型涂料时，含水率不得大于8%；涂刷乳液型涂料时，含水率不得大于10%。木材基层的含水率不得大于12%。 4）基层腻子应平整、坚实、牢固，无粉化、起皮和裂缝，内墙腻子的黏结强度应符合《建筑室内用腻子》（JG/T 298-2010）的规定。 5）厨房、卫生间墙面必须使用耐水腻子	观察、手摸检查、检查施工记录

（2）水性涂料涂饰工程一般项目检验

水性涂料涂饰工程一般项目质量标准及检验方法应符合表7-2的规定。

水性涂料涂饰工程一般项目检验　　表7-2

项目	质 量 要 求	检验方法
薄涂料	薄涂料的质量和检验方法应符合表7-3的规定	见表7-3
厚涂料	厚涂料的质量和检验方法应符合表7-4的规定	见表7-4
复合涂料	复合涂料的质量和检验方法应符合表7-5的规定	见表7-5
衔接处要求	涂料和其他装修材料及设备衔接处吻合，界面应清晰	观察

薄涂料的涂饰质量和检验方法　　表7-3

项次	项目	普通涂饰	高级涂料	检验方法
1	颜色	均匀一致	均匀一致	观察
2	泛碱、咬色	允许少量轻微	不允许	
3	流坠、疙瘩	允许少量轻微	不允许	
4	砂眼、刷纹	允许少量轻微砂眼，刷纹通顺	无砂眼，无刷纹	
5	装饰线、分色线直线度允许偏差（mm）	2	1	拉5m线，不足5m拉通线，用钢直尺检查

厚涂料的涂饰质量和检验方法　　表 7-4

项次	项目	普通涂饰	高级涂料	检验方法
1	颜色	均匀一致	均匀一致	观察
2	泛碱、咬色	允许少量轻微	不允许	
3	点状分布	—	疏密均匀	

复合涂料的涂饰质量和检验方法　　表 7-5

项次	项目	普通涂饰	高级涂料	检验方法
1	颜色	均匀一致	均匀一致	观察
2	泛碱、咬色	不允许	不允许	
3	点状分布	均匀，不允许连片	疏密均匀	

2. 溶剂型涂料涂饰工程

（1）溶剂型涂料涂饰工程主控项目检验

溶剂型涂料涂饰工程主控项目检验应符合表 7-6 的规定。

溶剂型涂料涂饰工程主控项目检验　　表 7-6

项目	质量要求	检验方法
涂料控制	溶剂型涂料涂饰工程所选用涂料的品种、型号和性能符合设计要求	检查产品合格证书、性能检验报告和进场验收记录
颜色、光泽、图案	溶剂型涂料涂饰工程的颜色、光泽、图案符合设计要求	观察
涂饰质量	溶剂型涂料涂饰工程应涂饰均匀、黏结牢固，不得漏涂、透底、起皮和反锈	观察、手摸检查

续表

项目	质量要求	检验方法
基层处理	1）新建筑物的混凝土或抹灰基层在涂饰涂料前应涂刷抗碱封闭底漆。 2）旧墙面在涂饰涂料前应清除疏松的旧装修层，并涂刷界面剂。 3）混凝土或抹灰基层涂刷溶剂型涂料时，含水率不得大于 8%；涂刷乳液型涂料时，含水率不得大于 10%。木材基层的含水率不得大于 12%。 4）基层腻子应平整、坚实、牢固，无粉化、起皮和裂缝；内墙腻子的黏结强度应符合《建筑室内用腻子》（JG/T 298-2010）的规定。 5）厨房、卫生间墙面必须使用耐水腻子	观察、手摸检查、检查施工记录

（2）溶剂型涂料涂饰工程一般项目检验

溶剂型涂料涂饰工程一般项目质量标准及检验方法应符合表 7-7 的规定。

溶剂型涂料涂饰工程一般项目检验　　表 7-7

项目	质量要求	检验方法
色漆	色漆的涂饰质量和检验方法应符合表 7-8 的规定	见表 7-8
清漆	清漆的涂饰质量和检验方法应符合表 7-9 的规定	见表 7-9
衔接处要求	涂层和其他装修材料及设备衔接处吻合，界面应清晰	观察

色漆的涂饰质量和检验方法　　表 7-8

项次	项目	普通涂饰	高级涂料	检验方法
1	颜色	均匀一致	均匀一致	观察
2	光泽、光滑	光泽基本均匀，光泽无挡手感	光泽均匀一致，光滑	观察，手摸检查
3	刷纹	刷纹通顺	无刷纹	观察
4	裹棱、流坠、皱皮	明显处不允许	不允许	观察
5	装饰线、分色线直线度允许偏差（mm）	2	1	拉 5m 线，不足 5m 拉通线，用钢直尺检查

注：无光色漆不检查光泽。

清漆的涂饰质量和检验方法　　表 7-9

项次	项目	普通涂饰	高级涂料	检验方法
1	颜色	基本一致	均匀一致	观察
2	木纹	棕眼刮平、木纹清楚	棕眼刮平、木纹清楚	观察
3	光泽、光滑	光泽基本均匀，光泽无挡手感	光泽均匀一致，光滑	观察，手摸检查
4	刷纹	无刷纹	无刷纹	观察
5	裹棱、流坠、皱皮	明显处不允许	不允许	观察

3. 美术涂饰工程

(1) 美术涂饰工程主控项目检验

美术涂饰工程主控项目检验应符合表 7-10 的规定。

美术涂饰工程主控项目检验　　表 7-10

项目	质量要求	检验方法
涂料控制	美术涂饰工程所用涂料的品种、型号和性能符合设计要求	观察，检查产品合格证书、性能检验报告和进场验收记录
涂饰质量	美术涂饰工程应涂饰均匀、黏结牢固，不得漏涂、透底、起皮、掉粉和反锈	观察、手摸检查
基层处理	1）新建筑物的混凝土或抹灰基层在涂饰涂料前应涂刷抗碱封闭底漆。 2）旧墙面在涂饰涂料前应清除疏松的旧装修层，并涂刷界面剂。 3）混凝土或抹灰基层涂刷溶剂型涂料时，含水率不得大于 8%；涂刷乳液型涂料时，含水率不得大于 10%。木材基层的含水率不得大于 12%。 4）基层腻子应平整、坚实、牢固，无粉化、起皮和裂缝；内墙腻子的黏结强度应符合《建筑室内用腻子》（JG/T 298—2010）的规定。 5）厨房、卫生间墙面必须使用耐水腻子	观察、手摸检查、检查施工记录
花色要求	美术涂饰的套色、花纹和图案应符合设计要求	观察

（2）美术涂饰工程一般项目检验

美术涂饰工程一般项目质量标准及检验方法应符合表 7-11 的规定。

美术涂饰工程一般项目检验 表 7-11

项目	质量要求	检验方法
表面要求	美术涂饰表面应洁净，不得有流坠现象	观察
纹理要求	仿花纹涂饰的饰面应具有被模仿材料的纹理	观察
套色要求	套色涂饰的图案不得移位，纹理和轮廓应清晰	观察

第二节 裱糊和软包工程的质量要求

1. 裱糊工程

（1）裱糊工程主控项目检验

裱糊工程主控项目质量标准及检验方法应符合表 7-12 的规定。

裱糊工程主控项目质量标准及检验方法 表 7-12

项目	质量要求	检验方法
材料质量	壁纸、墙布的种类、规格、图案、颜色和燃烧性能等级必须符合设计要求及国家现行标准的有关规定	观察；检查产品合格证书、进场验收记录和性能检测报告
基层处理	1）新建筑物的混凝土抹灰基层墙面在刮腻子前涂刷抗碱封闭底漆。 2）旧墙面在裱糊前应清除疏松的旧装修层，并涂刷界面剂。 3）混凝土或抹灰基层含水率不得大于 8%；木材基层的含水率不得大于 12%。	观察；手摸检查；检查施工记录

续表

项目	质量要求	检验方法
基层处理	4）基层腻子应平整、坚实、牢固，无粉化、起皮和裂缝；腻子的黏结强度应符合《建筑室内用腻子》（JG/T 298-2010）N型的规定。 5）基层表面平整度、立面垂直度及阴阳角方正应达到允许偏差不大于3mm的高级抹灰的要求。 6）基层表面颜色一致。 7）裱糊前应用封闭底胶涂刷基层	观察；手摸检查；检查施工记录
各幅拼接	裱糊后各幅拼接应横平竖直，拼接处花纹、图案应吻合，不离缝，不搭接，不显拼缝	观察；拼缝检查距离墙面1.5m处正视
壁纸、墙壁粘贴	壁纸、墙布应粘贴牢固，不得有漏贴、补贴、脱层、空鼓和翘边	观察；手摸检查

（2）裱糊工程一般项目检验

裱糊工程一般项目质量标准及检验方法应符合表7-13的规定。

裱糊工程一般项目质量标准及检验方法 表7-13

项目	质 量 要 求	检验方法
裱糊表面质量	裱糊后的壁纸、墙布表面应平整，色泽应一致，不得有波纹起伏、气泡裂缝、皱折及斑污，斜视时应无胶痕	观察；手摸检查
壁纸压痕及发泡层	复合压花壁纸的压痕及发泡壁纸的发泡层应无损坏	观察
与装饰线、设备线盒交接	壁纸、墙布与各种装饰线、设备线盒应交接严密	观察
壁纸、墙布边缘	壁纸、墙布边缘应平直整齐，不得有纸毛、飞刺	观察
壁纸、墙布阴、阳角	壁纸、墙布阴角处搭接应顺光，阳角处应无接缝	观察

2. 软包工程

（1）软包工程主控项目检验

软包工程主控项目质量标准及检验方法应符合表7-14的规定。

软包工程主控项目质量标准及检验方法 表 7-14

项目	质量要求	检验方法
质量控制	软包面料、内衬材料及边框的材质、颜色、图案、燃烧性能等级和木材的含水率应符合设计要求及国家现行标准的有关规定	观察；检查产品合格证书、进场验收记录和性能检测报告
安装位置、构造做法	软包工程的安装位置及构造做法应符合设计要求	观察；尺量检查；检查施工记录
龙骨、衬板、边框安装	软包工程的龙骨、衬板、边框应安装牢固，无翘曲，拼缝应平直	观察；手摸检查
单块面料	单块软包面料应有接缝，四周应绷压严密	观察；手摸检查

（2）软包工程一般项目检验

软包工程主控项目质量标准及检验方法应符合表 7-15 的规定。

软包工程主控项目质量标准及检验方法 表 7-15

项目	质量要求	检验方法
软包表面质量	软包工程表面应平整、洁净，无凹凸不平及皱折；图案应清晰、无色差，整体应协调美观	观察
边框安装质量	软包边框应平整、顺直、接缝吻合，其表面涂饰质量应符合规定	观察；手摸检查
清漆涂饰	清漆涂饰木制边框的颜色、木纹应协调一致	观察
安装允许偏差	软包工程安装的允许偏差和检验方法应符合表 7-16 的规定	见表 7-16

软包工程安装的允许偏差和检验方法见表 7-16。

软包工程安装的允许偏差和检验方法 表 7-16

项目	质量要求（mm）	检验方法
垂直度	3	用 1m 垂直检测尺检查
边框宽度、高度	0；-2	用钢直尺检查
对角线长度差	3	用钢直尺检查
裁口、线条接缝高低差	1	用钢直尺和塞尺检查

第三节 油漆施工中常见的病疵及处理方法

油漆施工中常见的病疵及处理方法，详见表 7-17。

油漆施工中常见的病疵及处理方法　　表 7-17

序号	常见问题	处理方法
1	银粉不均匀	让色漆层干燥，根据不同的色漆连续修饰两道，如果缺陷是在喷清漆后才看的见则待清漆干燥后，依作业程序，重喷色漆和清漆
2	起泡、起痱子	如果损坏面积较大也较严重，漆必须去除到底漆或金属漆面，这要根据气泡的深浅来判断。然后修补，在不太严重的情况下，气泡可以被打磨掉，重新处理表面并重喷面漆
3	透色	打磨，用封底漆隔离原漆，然后重新喷面漆
4	裂纹	受影响的区域必须磨掉直至光滑的原漆，大多数情况下直接打磨至裸露出金属，然后修补
5	鱼眼	待受影响区域的涂层干燥后，喷两道含有推荐数量的鱼眼防止剂的色漆，在严重的情况下将坏区打磨掉并重新修补
6	针孔	打磨不良区域使原漆和修补漆光滑
7	气泡	如果损害严重且面积大，则漆层必须磨掉，按气泡的深浅不同直至底漆或裸板，再进行修补，情况不严重的则打磨，表面处理、重喷面漆
8	砂纸痕	打磨至平滑表面，喷涂适合的底漆，然后修补
9	起皱	1）磨去受影响的面漆并重喷修补漆 2）在特别严重的情况则所有的漆面都要除去，进行裸板金属重修补
10	水斑	用抛光蜡抛光，在严重的情况下打磨受损区域并重修补
11	剥落	按照比受损区域大一些的面积除去原漆，然后再修补
12	橘子皮	在严重的情况下，用 1500 号或者 2000 号细砂纸打磨到光滑，然后依序抛光、补漆
13	垂流	冲洗域并让其干燥，打磨至平整表面，再抛光或者重喷
14	漆尘	抛光可以解决
15	干喷	先使漆面干燥，然后打磨后再视主要毛病区域的情况做重喷或抛光处理
16	脏点	1）让原漆完全硬化，然后精细打磨和抛光 2）如果缺陷严重则打磨并重喷
17	银粉泛色	如果缺陷严重，有必要打磨和重喷

第四节 冬期施工的注意事项

冬季气温低，空气干燥，风沙又多，这些因素对油漆工程影响很大。由于油漆是由多种化工原料组成的，在低温情况下，化工原料的性能很容易发生变化，从而影响油漆质量和施工。油漆施工一定要在室温 10° 以上时进行，因为温度太低，油漆的黏度会升高很多，涂装时施工人员会加大稀释剂的用量，导致油漆的光泽、丰满度下降，严重时会导致漆膜开裂。

此外，在施工中和施工结束后尽量少开窗通风。开窗通风虽然有利于油漆中有害物质的挥发和漆膜干燥，但是冬期室外温度低，不仅会使油漆变质甚至粉化，还会使尚未干透的墙面油漆被冻住，容易造成开春后墙面变色。但是，在实际装修过程中，业主和施工人员为赶工期往往容易忽略以上情况，结果造成漆膜开裂。

冬期做油漆时还要注意以下事项及问题：

1. 温度的控制

冬期施工一定要注意保证足够的温度，温度太低会影响装修效果。油漆时室内温度不要低于 10℃，一般墙面油漆的说明书上会写 5℃以上，其实 5℃是不够的，刷上后油漆容易开裂。尤其是油漆工程更要注意“保暖”，不要因为还没有入住就不开采暖设备，否则会影响装修质量。

2. 墙面油漆注意事项

1）墙面油漆需要先做基层处理。刮腻子时，由于室内空气干燥，腻子中的水分流失较快，第一遍的腻子不能刮得太厚，应待第一遍腻子干透后再刮第二遍腻子。

2）冬期气温低，抹灰、刮腻子、贴瓷砖等作业面受冻后会出现空鼓等问题，因此，保证足够的温度很重要。油漆时要先紧闭门窗，一方面可以保证室内温度，另一方面也可以避免室外风沙吹刮到未干的墙面上，使墙面出现毛糙不平整的现象。

3）墙面油漆应存放在温度较高的房间，不要放在阳台、北向房间、飘窗等位置，防止被冻坏。油漆施工时间选在上午 10 点到下午 5 点之间为好。

3. 冬期油漆注意事项

1）选购适合本季节用的油漆。一些厂家为了便于油漆工程施工和提高漆膜质量，通常会生产冬用和夏用两种产品。其中夏用产品比较慢干，而冬用产品会调得快干一些，因此，夏用产品不宜在冬天使用。在购买时要详细了解产品的特性，以免选错了油漆影响施工质量和进度。

2）油漆调好后放置时间不宜过长，时间越长，光泽下降越严重。油漆和易挥发的其他化学物品一定要分开存放，并且远离热源。存放这些材料的房间的室内空气湿度不能太大，要不间断地保持通风。如果室内湿度较大，油漆在涂刷之后容易返白。

3）油漆的黏度随温度的变化而变化。当温度较低时，油漆的黏度会升高很多，稀释剂的用量也随之加大，这会导致油漆的光泽和丰满度下降。

4）冬期气温低，油漆表面干得慢，漆膜表面与外界空气接触的时间相对较长，空气中的灰尘颗粒容易黏附在漆膜表面，形成颗粒现象。因此，在油漆工程施工之前，一定要保持环境干净，不要让灰尘颗粒落在未干的油漆表面上。

参考文献

[1] 陈高峰. 油漆工 [M]. 北京：中国电力出版社，2014.
[2] 曹京宜. 实用涂装基础及技巧 [M]. 北京：化学工业出版社，2002.
[3] 张鸢. 油漆工长速查 [M]. 北京：化学工业出版社，2010.
[4] 李永胜. 装饰装修油漆工宜与忌 [M]. 北京：金盾出版社，2010.
[5] 朱庆红. 油漆工实用技术手册 [M]. 南京：江苏科学技术出版社，2002.
[6] 黄瑞先. 油漆工 [M]. 北京：金盾出版社，2008.
[7] 韩实彬. 油漆工长 [M]. 北京：机械工业出版社，2007.